lady♥fashion

vantage sweater

文艺复古风女士毛衣

张翠 主编

辽宁科学技术出版社
·沈阳·

主　　编：张 翠

编组成员：岑乐蓉　时忆之　舒香菱　石夏瑶　谢孤晴　房梦玉　席芷荷　卫明睿　唐亦巧　赵学共　常兴力　胡涪魁　董冬帅　邢信品
方鲁郎　陶慈堂　霍懂牛　齐独杜　江泰哲　郁寒显　童洪泉　滑书祥　蒋朝剑　项舒旺　殷谱班　童冉伯　邓邦楠　孟学共
鄄帅齐　崔贤松　徐恩妙　凌俊立　郝戚栾　娄书竹　娄梦玉　茅绮波　伍亦玉　于凌蝶　汪南莲　干紫萱　孔灵寒　袁丹彤
霍寒梦　俞雅容　卞雨安　曹千柔　嵇访波　强晓丝　舒乐儿　贺冰海　霍曼云　何丹亦　缪晓筠　宣尔风　祝向露　马山梅
纪沛白　韩新曦　魏鹏煊　戚德懋　朱明远　杨睿渊　郎煜祺　雷雄逸　鲍高朗　费鸿涛　孙博超　郎熙泰　蒋楷瑞　史越彬

图书在版编目（CIP）数据

文艺复古风女士毛衣/张翠主编.—沈阳：辽宁科学技术出版社，2013.11

ISBN 978－7－5381－8275－0

Ⅰ.①文… Ⅱ.①张 … Ⅲ.①女服— 毛衣— 编织 —图集 Ⅳ.①TS941.763.2－64

中国版本图书馆CIP数据核字（2013）第222144号

出版发行：辽宁科学技术出版社
（地址：沈阳市和平区十一纬路29号 邮编：110003）
印 刷 者：利丰雅高印刷（深圳）有限公司
经 销 者：各地新华书店
幅面尺寸：210mm×285mm
印　　张：8
字　　数：300千字
印　　数：1~8000
出版时间：2013年11月第1版
印刷时间：2013年11月第1次印刷
责任编辑：赵敏超
封面设计：幸琦琪
版式设计：幸琦琪
责任校对：潘莉秋

书　　号：ISBN 978－7－5381－8275－0
定　　价：26.80元

联系电话：024－23284367
邮购热线：024－23284502
E-mail：473074036@qq.com
http://www.lnkj.com.cn

目录

CONTENTS

=1针下针和2针上针右上交叉

①

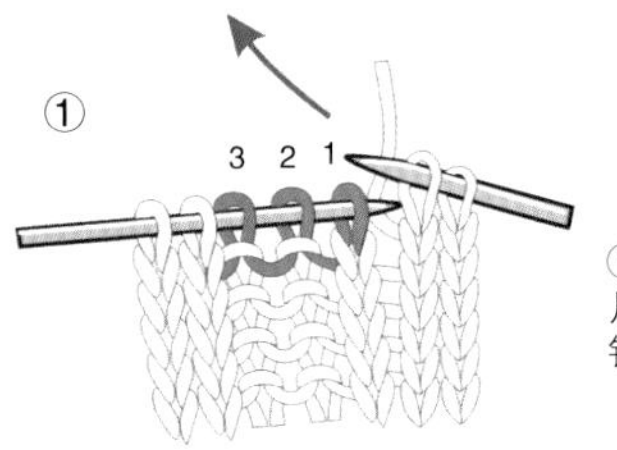

①将针1下针拉长从织片前面经过针2和针3上针。

②

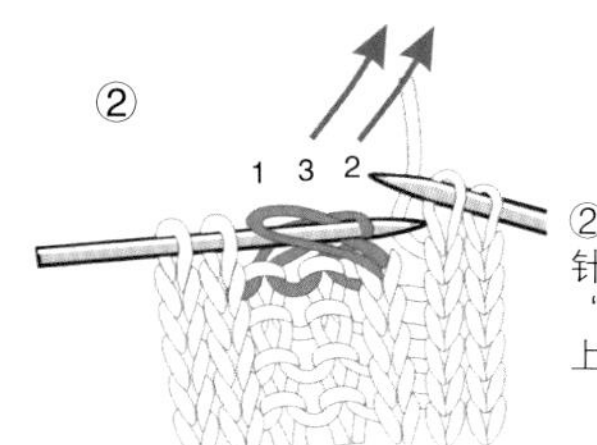

②先织好针2、针3上针，再来织针1下针。“1针下针和2针上针右上交叉”完成。

=2针下针和1针上针右上交叉

①

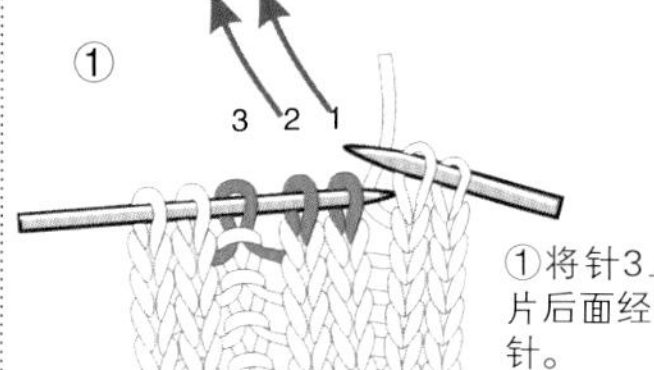

①将针3上针拉长从织片后面经过针2和针3下针。

②

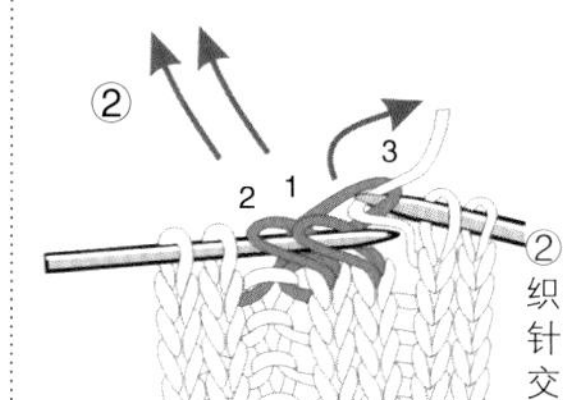

②先织针3上针，再来织针1和针2下针。“2针下针和1针上针右上交叉”完成。

=2针下针和1针上针左上交

①

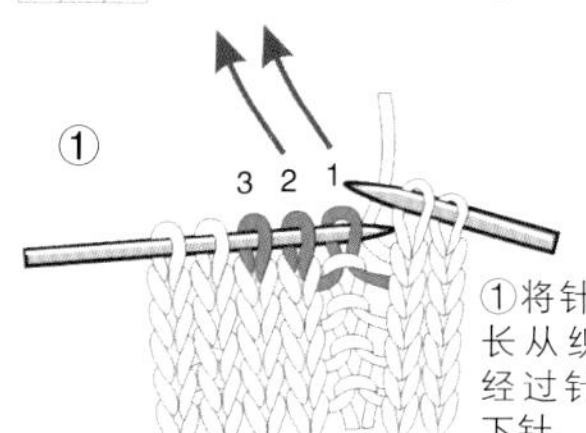

①将针1上针拉长从织片后面经过针2和针3下针。

②

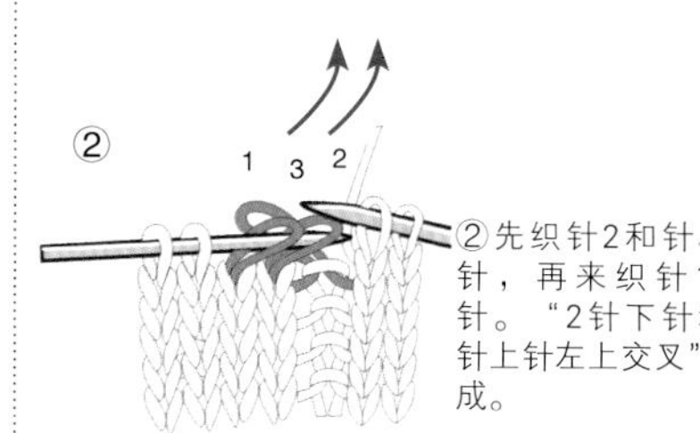

②先织好针2和针
针，再来织针
针。“2针下针
针上针左上交叉”
成。

=右上2针交叉

①

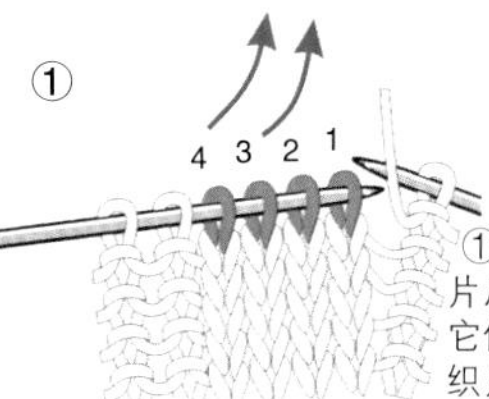

①先将针3、针4从织片后面经过并分别织好它们，再将针1和针2从织片前面经过并分别织好它们(在上面)。

②

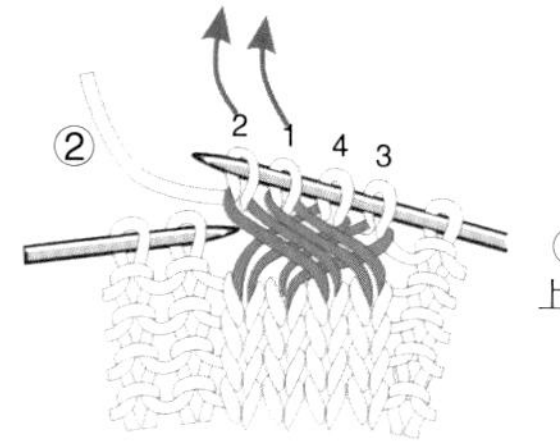

②“2针下针右上交叉”完成。

=左上2针交叉

①

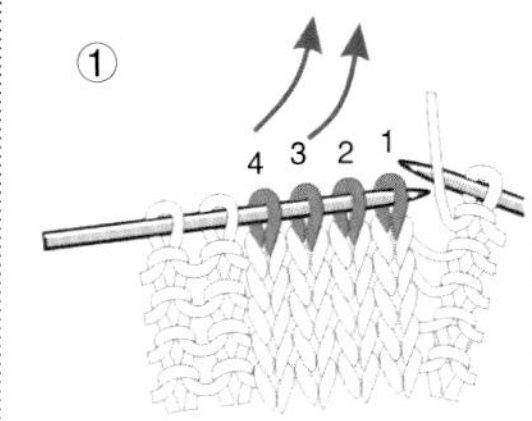

①先将针3、针4从织片前面经过分别织好它们，再将针1和针2从织片后面经过并分别织好它们(在下面)。

②

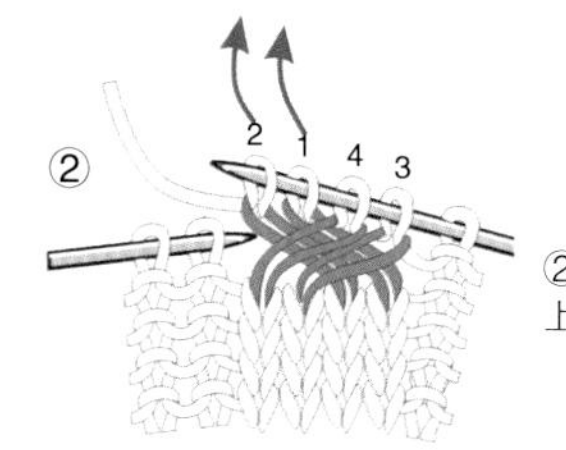

②“2针下针左上交叉”完成。

=右上2针交叉（间夹1上

①

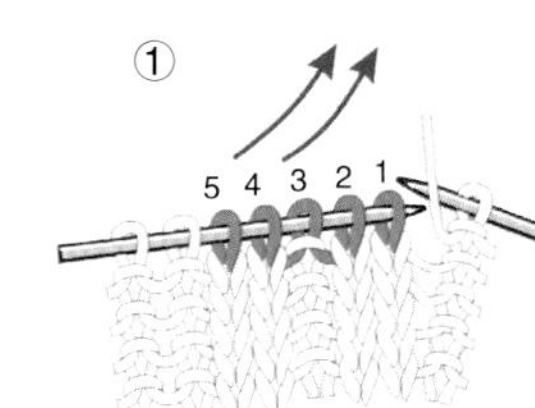

①先织针4、针5，
织针3上针(在下面)
最后将针2、针1拉
从织片的前面经过
再分别织针1和针2

②

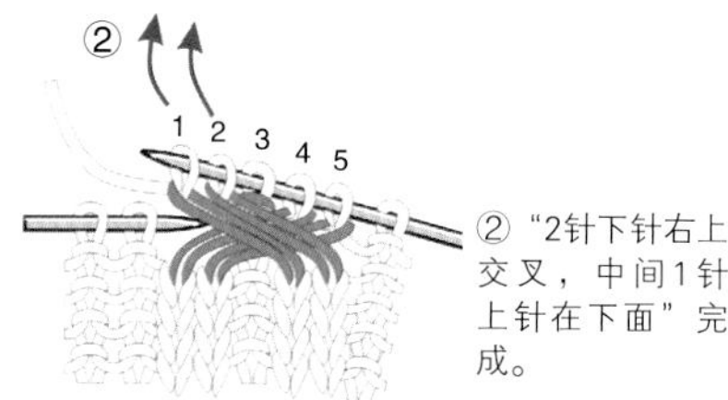

②“2针下针右上交叉，中间1针上针在下面”完成。

=左上2针交叉（间夹1上针）

①

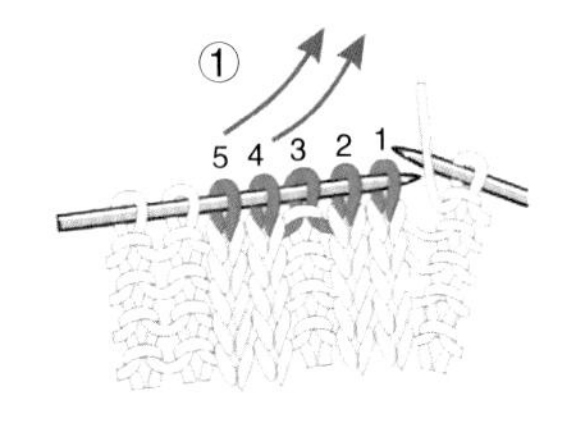

①先将针4、针5从织片前面经过，再分别织好针4、针5，再织针3上针(在下面)，最后将针2、针1拉长从针3的前面经过，并分别织好针1和针2。

②

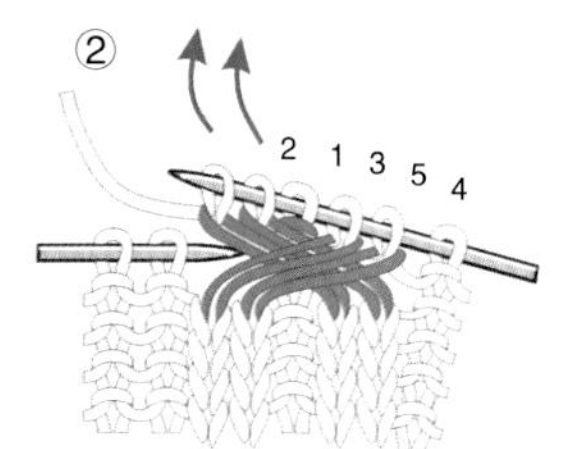

②“2针下针左上交叉，中间1针上针在下面”完成。

=左上3针和1针的交叉

①

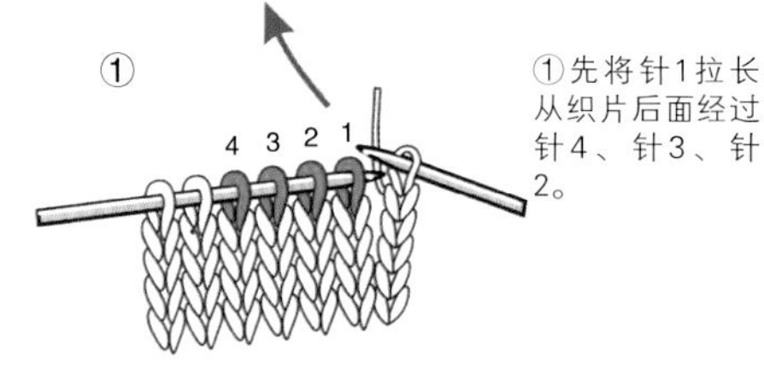

①先将针1拉长从织片后面经过针4、针3、针2。

②

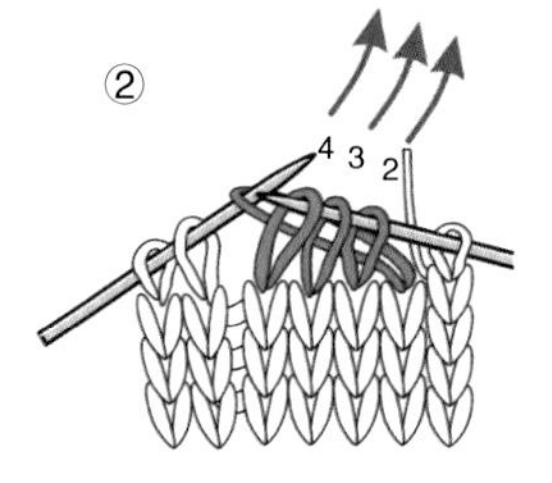

②分别织好针2、针3和针4，再织针1。“3针下针和1针下针左上交叉”完成。

=右上3针和1针的交叉

①

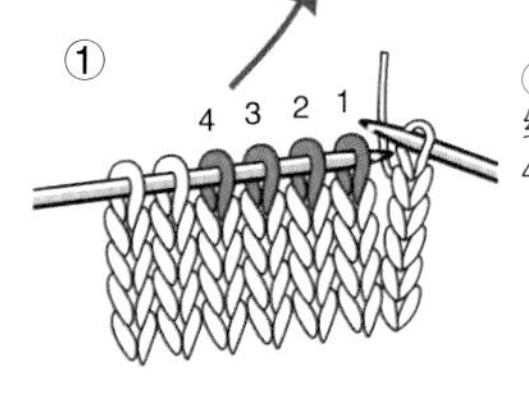

①先将针4拉长织物后面经过4、针3、针2。

②

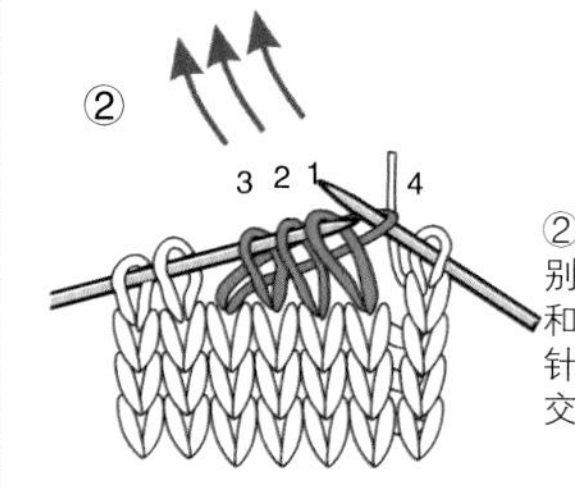

②先织针4，再
别织好针1、
和针3。“3针
针和1针下针右
交叉”完成。

=右上3针交叉

①

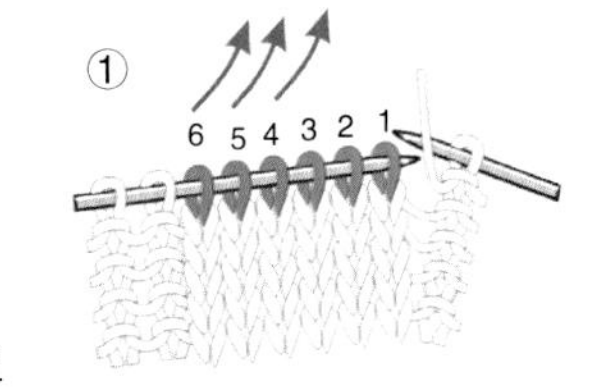

①先将针4、针5、针6从织片后面经过并分别织好它们，再将针1、针2、针3从织片前面经过并分别织好针1、针2和针3(在上面)。

②

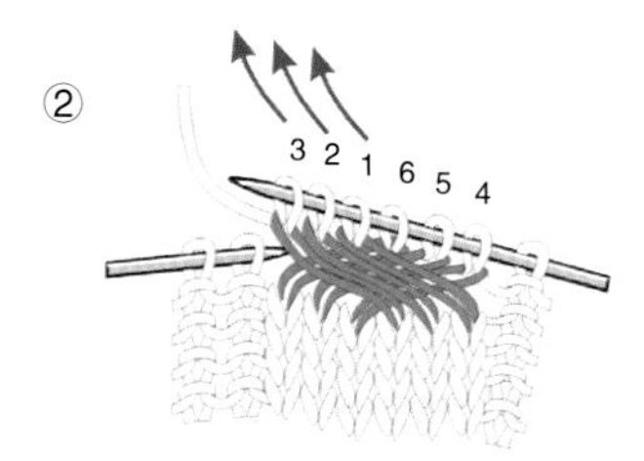

②“3针下针右上交叉”完成。

= 3针并为1针，又加成3针

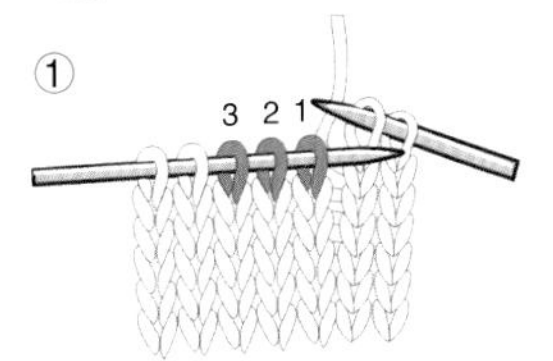

①右针由前向后从针1、针2、针3(3个针圈中)插入。

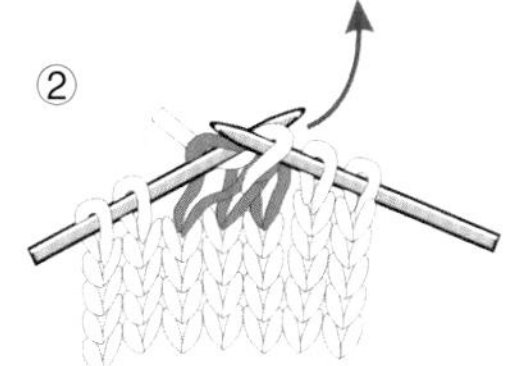

②在右针上绕线，并挑出挂在右针上的线，左针3个线圈不要松掉。

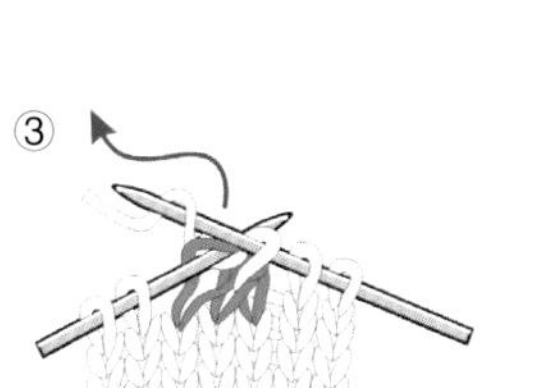

③在右针上挂线，并带紧线，实际上是又增加了1针，左针圈仍不要松掉。

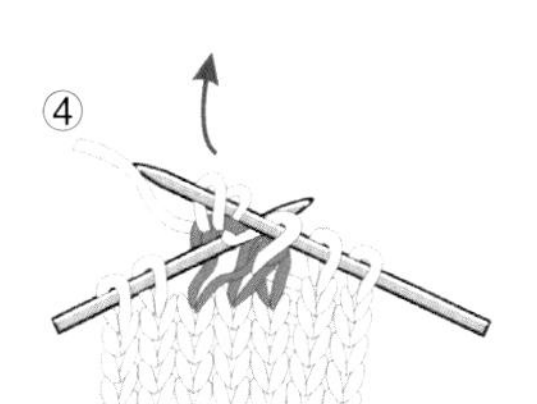

④继续在这3个针圈上编织①1次。此时右针上形成了3个针圈。然后这3个线圈才由左针滑脱。

= 5针小球

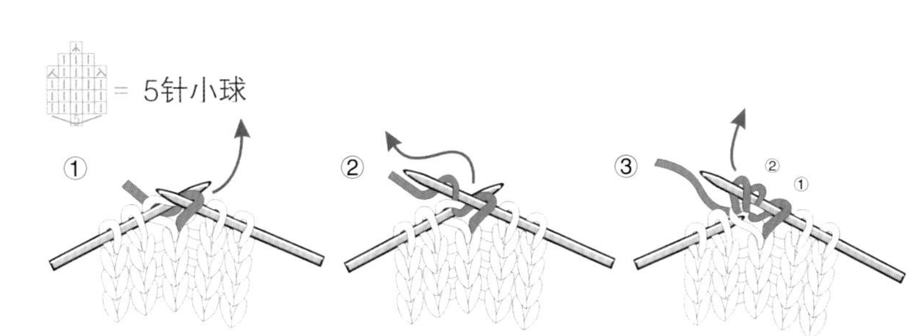

①将毛线放在织片外侧，右针由前面穿入针圈，挑出挂在右针尖上的针圈，左针圈不要松掉。

②在右针上挂线，并带紧线，实际上是又增加了1针，左针圈仍不要松掉。

③在这一个针圈中继续编织①1次。此时右针上形成了3个针圈。左针圈仍不要松掉。

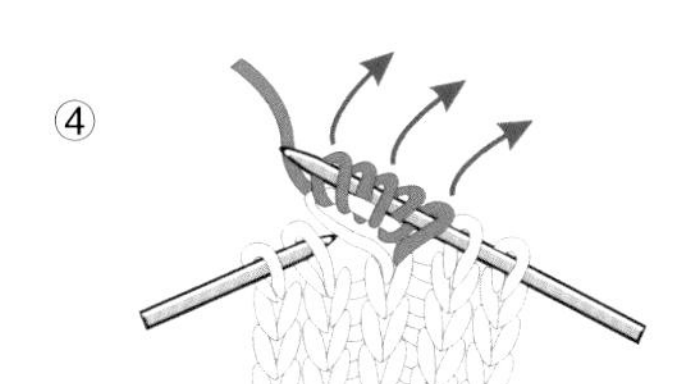

④仍在这一个针圈中继续编织②和①1次。此时右针上形成了5个针圈。然后此针圈由左针滑脱。

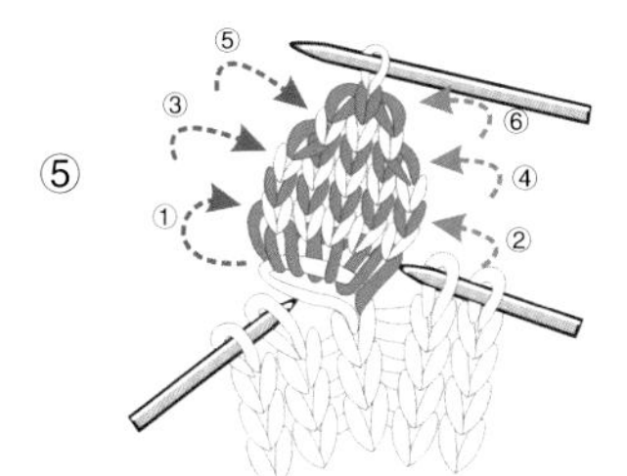

⑤将上一步形成的5个针圈针按虚箭头方向织6行下针。到第4行两侧各收1针，第5行织下针，第6行织“中上3针并1针”。小球完成后进入正常的编织状态。

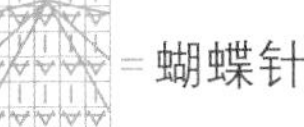

=蝴蝶针

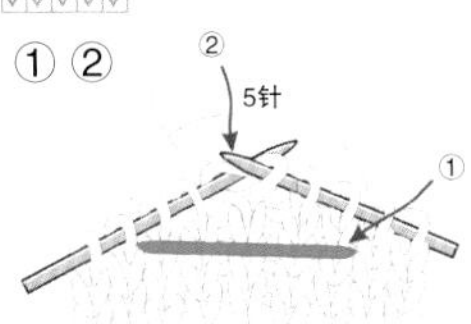

①第1行将线置于正面，移动5针至右针上。
②第2行继续编织下针。

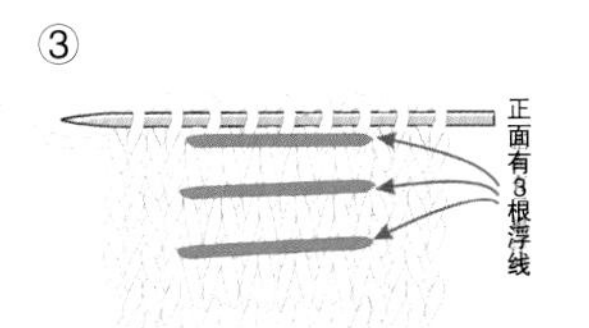

③第3、4、5、6行重复第1、第2行。到正面有3根浮线时织回到另一端。

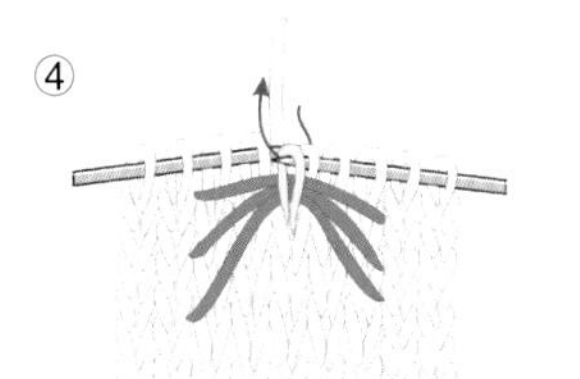

④将第3针和前6行浮起的3根线一起编织下针。

= 拉针

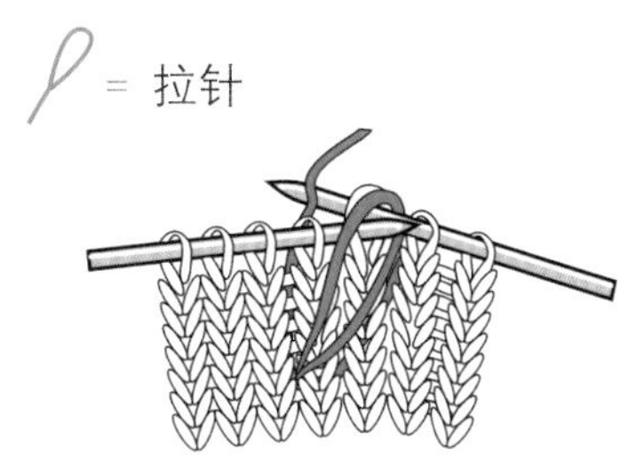

先将右针从织物正面的任一位置(根据花型来确定)插入，挑出1个线圈来，然后和左针上的第1针同时编织为1针。

= 右上6针和1针的交叉

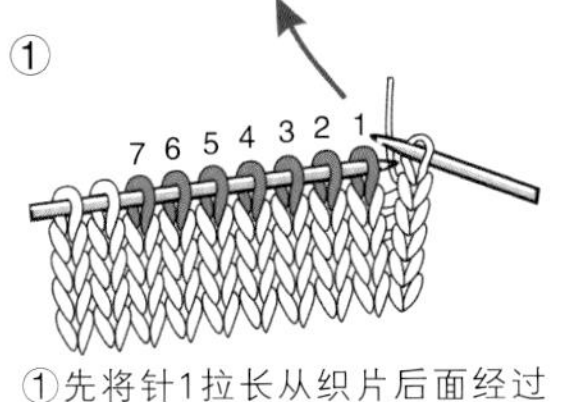

①先将针1拉长从织片后面经过针6、针5……针1。

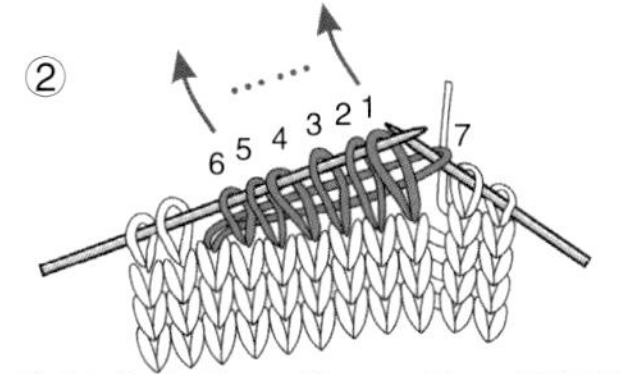

②分别织好针2、针3……针6，再织第7针。“6针下针和1针下针右上交叉”完成。

= 左上6针和1针的交叉

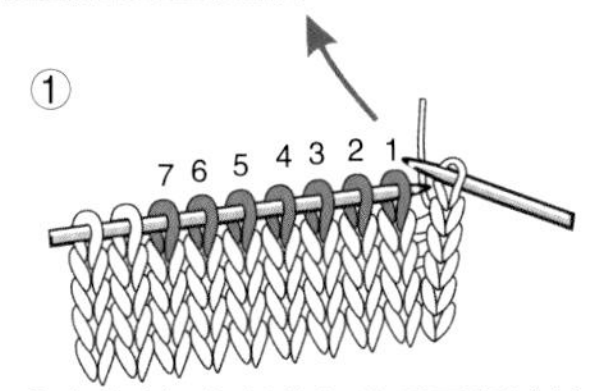

①先将针1拉长从织片后面经过针2、针3……针7。

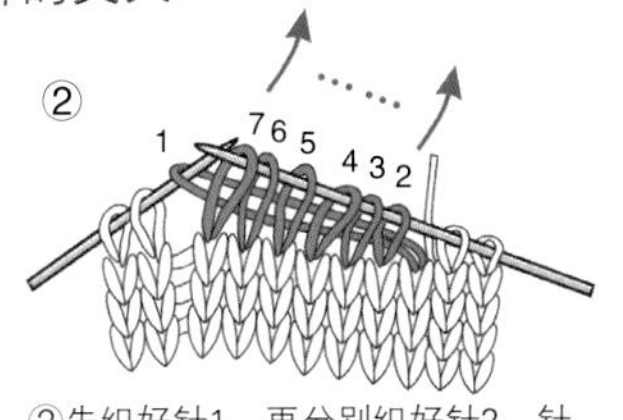

②先织好针1，再分别织好针2、针3……针7。“6针下针和1针下针右上交叉”完成。

= 铜钱花

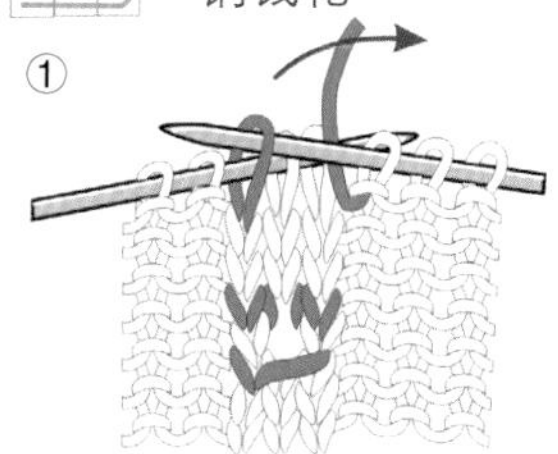

①先将第3针挑过第2针和第1针(用线圈套住它们)。

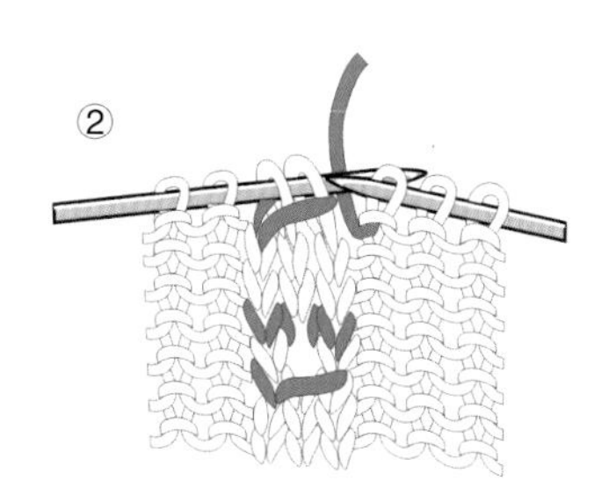

②继续编织第1针。

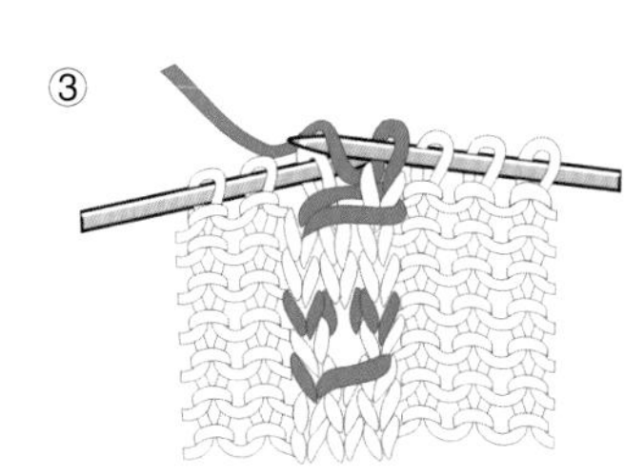

③加1针(镂空针)，实际上是增加了1针，弥补①中挑过的那针。

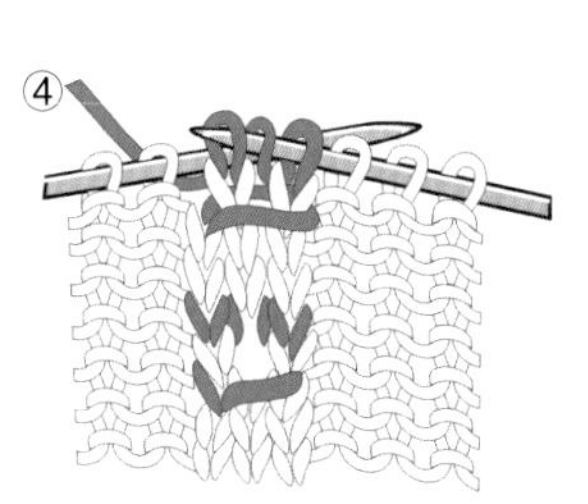

④继续编织第3针。

Forest Girl Series

珍珠花圆领装

复古的颜色搭配时尚的珍珠花花样，
内搭一件简单的牛仔衬衣，
这样的装扮相信喜爱森女系的女生都会喜欢上的哦。

How to make P65

Latest Fashion Design

成品规格：衣长56cm，胸围104cm，袖长48cm
编织密度：20针X22行=10cm²
工具：9号、11号棒针
使用线材：紫色毛线550g

Forest Girl Series

帅气拉链装

此款毛衣以白色为主，
搭配菱形花样的精美图案，
帅气的翻领样式搭配一件深咖啡色的长裙是不
是也很复古呢。

How to make P66

Latest Fashion Design

成品规格：衣长60cm， 胸围50cm， 肩宽44cm，袖长56cm
编织密度：14针X19行=10cm²
工具：8号、10号棒针
使用线材：白色羊绒线400g，灰色与深棕色线各60g，拉链1根

Forest Girl Series

几何图案装

此款毛衣，
由白色与蓝色的正方形图案组合而成，
宽松的款式搭配一件紧身的牛仔裤也是很不错的哦。

to make P67-68

Latest Fashion Design

成品规格：衣长64cm，胸围96cm，袖长56cm
编织密度：17针X22行=10cm²
工具：9号、11号棒针
使用线材：蓝色毛线300g，白色300g，其他色线少许

Forest Girl

复古立领长袖装

衣身以时尚的军绿色为主，
搭配精致的珍珠花花样，
开叉的立领复古风十足。

Latest Fashion Design

成品规格：衣长56cm，胸围116cm，袖长45cm
编织密度：18针X26行=10cm²
工具：9号、10号棒针
使用线材：军绿色毛线450g

How to make P69

Forest Girl Series

米色精致开衫

此款开衫的花样，
全部都是编织的凹凸形花样，
手感也是很好的，
搭配一件时尚的格子衫或者牛仔短裤也是很不错的。

test Fashion Design

规格：衣长57cm，胸宽48cm，袖长45cm
密度：20针x30行=10cm²
：10号棒针
线材：米色丝光棉线100g，红色线150g，纽扣5枚

How to make P71-72

Forest Girl Series

立体花开衫

此款开衫，
最具特色的要数衣身一朵朵立体花，
独特的花样点缀，
给衣服增添了不少的活力。

Latest Fashion Design

成品规格：衣长56cm，胸围112cm，袖长54cm
编织密度：21针X28行=10cm²
工具：10号棒针，5号钩针
使用线材：毛线600g，纽扣6枚

How to make P73
此款毛衣不管是男生穿还是女生穿，
都是很不错的，
男生穿的话也可以根据自己的喜好，
变换一下线材的颜色，
相信又是一种与众不同的风格。
成品规格：衣长58cm，胸围104cm，袖长43cm
编织密度：20针X30行=10cm²
工具：9号、11号棒针，5号钩针
使用线材：绿色毛线300g，白色线250g

How to make P74

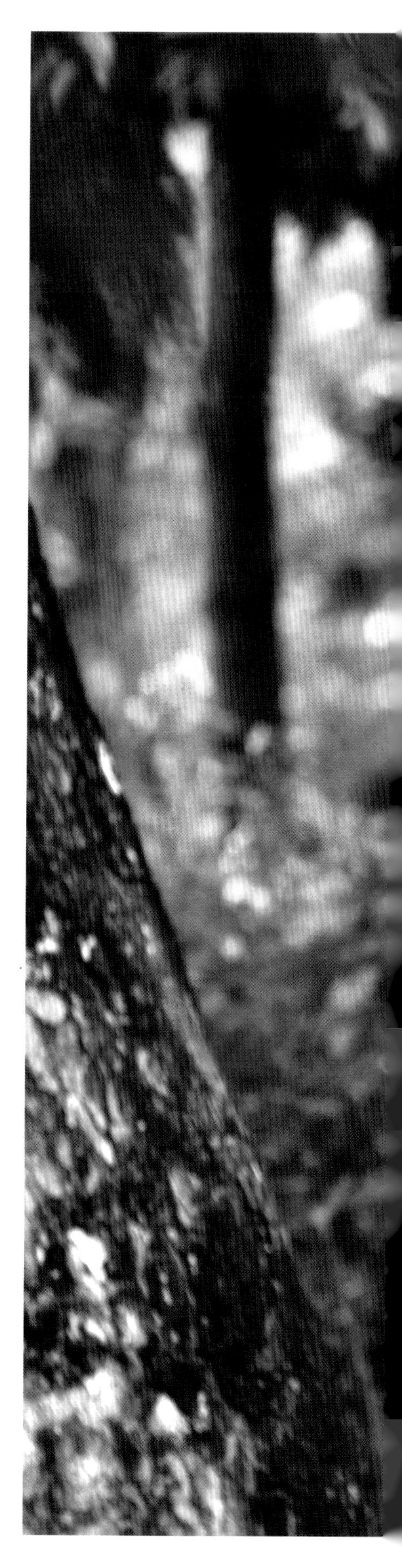

Forest Girl Series

浅紫色披肩

此款披肩不管是线材的选择，
还是款式的编织都可以算得上是精品之作了，
穿起来也是十分的舒适。

Latest Fashion Design

成品规格：衣长69cm，衣宽90cm
编织密度：26针X34行=10cm²
工具：8号棒针
使用线材：浅紫色中粗腈纶毛线600g

Forest Girl Series

褐色V领开衫

此款以褐色为主，
衣身立体花样的编织给衣服增添了不少的色彩，
搭配一件长裙或者合身的牛仔长裤也是不错的。

Latest Fashion Design

成品规格：衣长54cm，胸宽54cm，袖长45cm
编织密度：32针X45行=10cm²
工具：12号棒针，1.5mm钩针
使用线材：褐色羊毛线800g，纽扣7枚

Forest Girl Series

拼色开衫

此款衣服由白色、
咖啡色、
浅灰色等不同的颜色配色编织而成，
显得十分的阳光而富有活力。

Latest Fashion Design

成品规格：衣长62cm，胸宽54cm，肩宽52cm，袖长53cm
编织密度：18针X24行=10cm^2
工具：10号棒针
使用线材：杏色、白色、浅灰色、咖啡色羊毛线各150g，纽扣8枚

How to make P77-78

Forest Girl Series

森女系开衫

此款开衫线材颜色的选择，
妈妈级别的人也可以尝试一下哦，
搭配一件这样的长裙也是很不错的。

Latest Fashion Design

成品规格：衣长63cm，胸围88cm，袖长60cm

编织密度：26针X30行=10cm²

工具：10号、11号棒针，5号钩针

使用线材：夹花毛线500g，其他色线少许，纽扣5枚

How to make P80 81

Forest Girl Series

白色流苏装

此款开衫最有特色的地方，
要数衣身下摆处流苏的设计，
十分的俏皮可爱。

Latest Fashion Design

成品规格：衣长50cm，胸围104cm，袖长52cm
编织密度：20针X28行=10cm²
工具：10号、11号棒针
使用线材：白色毛线500g，纽扣6枚

Forest Girl Series

复古图案毛衣

此款开衫最突出的要数衣身两只可爱小熊的编织了，给沉闷的颜色增加了不少活力的色彩。

Latest Fashion Design

成品规格：衣长68cm，胸宽45cm，肩宽35cm，袖长54cm
编织密度：27针X24行=10cm^2
工具：12号棒针
使用线材：灰色羊毛线600g，棕色、浅黄、橘色线各80g，纽扣7枚

How to make P82-83

Forest Girl Series

深色圆领装

宽松的款式设计，
穿[illegible]的舒适，
爱美的M[illegible]可[illegible]搭配一条两色的腰带，
给衣服增加一点亮色。

Latest Fashion Design

成品规格：衣长75cm，胸围108cm，袖长45cm
编织密度：20针X24行=10cm²
工具：9号、11号棒针
使用线材：藏蓝色毛线650g，其他色线少许

How to make P86

Forest Girl Series

个性蝙蝠装

此款毛衣蝙蝠装款式的设计很是新颖独特，
穿着起来也会格外的舒适，
搭配一件长裙更是完美。

Latest Fashion Design

成品规格：衣长50cm，衣宽48cm，袖长24.5cm
编织密度：22针X32行=10cm²
工具：12号棒针、缝衣针
使用线材：红色中粗腈纶毛线600g

How to make P87

Forest Girl Series

甜美格子衫

时尚类的格子衫，
与手工类的格子装是不是大相径庭呢，
这样的格子衫也能穿出一种别样的时尚感哦。

Latest Fashion Design

成品规格：衣长56cm，胸围104cm，袖长52cm
编织密度：20针X30行=$10cm^2$
工具：9号、11号棒针
使用线材：浅绿色毛线400g，白色和深绿色毛线各100g

How to make P88-89
Forest Girl Series
驯鹿拉链装
此款拉链装款式很休闲，
衣身编织的驯鹿样式俏皮可爱，
搭配一件休闲的短裤也是很不错的。
Latest Fashion Design
成品规格：衣长58cm，胸宽47cm，肩宽42cm，袖长59cm
编织密度：16针X23行=10cm²
工具：8号、10号棒针
使用线材：白色羊绒线50g，深棕色线100g，红色线400g，拉链1根

How to make P90

Forest Girl Series

藏蓝色外套

流行的韩版样式，
搭配经典的藏蓝色线材选择，
衣襟处金色纽扣的搭配，
更是起到了画龙点睛的作用。

成品规格：衣长70cm，衣宽36cm，袖长54cm
编织密度：17针X32行=10cm^2
工具：8号棒针
使用线材：藏蓝色中粗腈纶毛线600g，纽扣7枚

Forest Girl Series

小清新短款外套

此款外套设计的是短款的样式，
搭配一件修身的紧身筒裙，
也会显得很时尚。

How to make P91

test Fashion Design

规格：衣长47cm，胸宽50cm，肩宽16cm，袖长50cm

密度：28针X39行=10cm^2

：10号棒针

线材：米白色丝光棉线400g，黑线若干，纽扣4枚

Forest Girl Series

心形图案毛衣

此款毛衣设计的全部都是心形图案，
非常符合时尚潮流，
搭配一件简约的衬衣和时尚的短裤也是很不错的。

How to make P92

Latest Fashion Design

成品规格：衣长73cm，胸围96cm，袖长46cm
编织密度：19针X24行=10cm^2
工具：9号、11号棒针，钩针
使用线材：米色毛线500g

Forest Girl Series

高领长袖装

此款毛衣设计的是高领的样式，
作为冬季的打底毛衣也是比较适合的，
相信能起到很好的保暖作用。

How to make P93

Latest Fashion Design

成品规格：衣长70cm，胸宽45cm，肩宽42cm，袖长51cm

编织密度：26针X34行=10cm²

工具：10号棒针

使用线材：枣红色羊毛线650g

How to make P94-95

Forest Girl Series

配色长袖装

此款毛衣以蓝色为主，
中间夹杂着多种色彩，
充满着无限的青春活力。

Latest Fashion Design

成品规格：衣长57cm，胸宽53cm，袖长70cm
编织密度：26.4针X31行=10cm^2
工具：10号棒针
使用线材：蓝色羊毛线250g，棕色线150g，深灰色线80g，
白色线50g，浅灰色线30g

Forest Girl Series

个性深V领装

此款毛衣最有特色的地方，
要数深V领的设计，
与衣服下摆处的V字形相呼应了。

Latest Fashion Design

成品规格：衣长68cm，衣宽49cm，袖长50cm
编织密度：16针X20行=10cm^2
工具：7号棒针、缝衣针
使用线材：浅棕色毛线550g

How to make P96

Latest Fashion Design

成品规格：衣长44cm，胸围90cm，连肩袖长64cm
编织密度：20针X34行=10cm²

工具：8号棒针
使用线材：紫色毛线450g，纽扣2枚

How to make P97

Forest Girl Series

紫色小开衫

简约的两粒扣开衫款式搭配充满气质的紫色，
这样的一款靓丽小开衫，
相信很多时候你都可以派上用场。

How to make P98

珍珠花毛衣

亮丽的宝蓝色，
带给人眼前一亮的视觉感受，
搭配五颜六色的珍珠花花样，
这样的一款毛衣也够时尚了吧。

Latest Fashion Design

成品规格：衣长54cm，胸宽50cm，肩宽40cm，袖长71cm
编织密度：19.6针X28.4行=10cm^2
工具：10号棒针
使用线材：宝蓝色奶棉线800g，红色、橙色、黄色、绿色线各少许

Forest Girl Series

蕾丝边长袖装

此款毛衣最大的特点在于衣摆处蕾丝花的搭配，
这样一款毛衣搭配一件亮色的糖果裤，
相信又是一番精致。

Latest Fashion Design

成品规格：衣长62cm，胸宽50cm，袖长62cm
编织密度：17针X30.6行=10cm²
工具：10号棒针
使用线材：灰色羊毛线600g，纽扣3枚

How to make P100

Forest Girl Series

白色灯笼装

大大的灯笼样式，
紧致的袖口，
大大的麻花，
这样的一件灯笼衣相信穿起来会让人感到格外的舒适。

Latest Fashion Design

成品规格：披肩长90cm，宽48cm
工具：8号棒针
编织密度：20.4针X21.3行=10cm^2
使用线材：米白色丝光棉线400g

Forest Girl Series

粉色圆领图案毛衣

此款毛衣衣身的图案是由几个大小不一的圆形图案编织而成的，
图案中间还点缀着立体的珍珠花花样，
很是俏皮。

Latest Fashion Design

成品规格：衣长60cm，胸围104cm，袖长48cm
编织密度：27针X30行=10cm²
工具：13号、11号棒针，4号钩针
使用线材：粉色毛线650g

to make P102

Forest Girl Series

酷雅范儿毛衣

此款毛衣不论是男生穿还是女生穿，
相信都能穿出不一样的风味，
搭配一件简约的牛仔短裤也是十分的休闲惬意。

Latest Fashion Design

成品规格：衣长67cm，胸宽52cm，袖长56cm
编织密度：23针X20行=10cm²
工具：8号棒针
使用线材：米白色羊毛线400g，深绿色、红色、深蓝色、浅黄色线各50g

How to make P103

Forest Girl Series

淑女开衫

喜庆的红色，
点缀着不同种类的小花朵，
狗牙的编织自然形成了波浪式的衣边，
这样的一件开衫外套，
相信也能让你穿出一种不一样的风采。

Latest Fashion Design

成品规格：衣长52cm，胸围100cm，袖长47cm
编织密度：23针X24行=10cm^2
工具：10号棒针，5号钩针
使用线材：红色毛线550g，其他色线少许，纽扣5枚

Forest Girl Series

红色制服装

红色与黑色的完美结合，
加上金属纽扣的搭配，
这样的一件西装样式的开衫，
是上班族的首选之作。

成品规格：衣长55cm，胸围84cm，袖长55cm
编织密度：36针X42行=10cm²
工具：14号棒针
使用线材：红色毛线500g，黑色线50g，纽扣14枚

Forest Girl Series

立体花长袖装

此款毛衣由立体小钩花、
立体扭“8”花样以及立体珍珠花编织而成，
搭配一件半身长裙也是不错的选择。

How to make P105

Latest Fashion Design

成品规格：衣长56cm，胸围104cm，袖长54cm
编织密度：21针X24行=10cm²
工具：9号、10号棒针，5号钩针
使用线材：驼色毛线400g，白色线100g

How to make P106

Forest Girl Series

个性高领装

毛衣最具特色的设计，
是衣身前后片的结合，
显得别具特色。
搭配一件紧身的牛仔裤，
相信又是一种不同的风格。

Latest Fashion Design

成品规格：衣长63cm，衣宽30cm
编织密度：14针X20行=10cm²
工具：9号棒针
使用线材：浅紫色粗腈纶毛线400g

How to make P107-108

Forest Girl Series

复古式开衫

复古的线材选择，搭配一件灰色的半身长裙，
这样的一身搭配是不是也能凸显出一种妩媚的气息呢。

Latest Fashion Design

成品规格：衣长50cm，胸宽46cm，袖长50cm
编织密度：25针X37.5行=10cm²
工具：12号棒针 2.0mm钩针
使用线材：灰色羊毛线150g，米白色线150g，棕色线100g，
　　　　　黄色、粉红色、蓝色线各50g，纽扣5枚

How to make P109

Forest Girl Series

灰色中袖装

休闲的连帽设计，中袖的袖窿编织，
这样的一件休闲款毛衣，
搭配作为春秋时节的单品也是必备的哦。

Latest Fashion Design

成品规格：衣长72.5cm，衣宽50cm，袖长33cm
编织密度：34针X42行=10cm²
工具：10号棒针
使用线材：灰色中粗腈纶毛线600g，纽扣2枚

How to make P110

Forest Girl Series

雪花花 衣

此款毛衣最吸引人的地方，
要数衣身大大的雪花花样的编织了，
姐妹们也可以先把雪花花样钩好再与衣身进行缝合。

Latest Fashion Design

成品规格：衣长69cm，胸宽54cm，肩宽16cm，袖长56cm
编织密度：26针X38行=10cm²
工具：10号棒针，缝衣针
使用线材：米白色丝光棉线400g

Forest Girl Series

超性感毛衣

此款毛衣最适合爱美爱时尚的美眉们了，
深V领的设计，搭配超大袖口，
这样的一件短款蝙蝠衫搭配一件时尚短裤，
你也是潮人一个哦。

How to make P111

test Fashion Design

规格：衣长57cm，衣宽65cm
密度：34针X32行=10cm²
：12号棒针
线材：红色腈纶毛线400g

Forest Girl Series

三角形披肩

每一位爱好编织的姐妹，
都想织出这样的一件三角形披肩，
大气而时尚。

Latest Fashion Design

成品规格：衣长64cm，衣宽88cm
编织密度：20针X34行=10cm^2
工具：12号棒针，2.7mm钩针
使用线材：红色毛线500g

How to make P112

Forest Girl Series

短款小外套

长袖的款式设计，
精致的短款样式，
搭配一件蕾丝小纱裙相信也是别有一种风味。

Latest Fashion Design

成品规格：衣长43cm，胸围88cm，袖长46cm
编织密度：20针X20行=10cm^2
工具：9号棒针
使用线材：米色毛线450g，纽扣2枚

How to make P113

How to make P114

Forest Girl Series

秀美长袖装

小清新范儿的线材选择，
让整件毛衣笼罩着一股秀美的气息，
搭配一件牛仔蓝的衬衣，
作为时尚装也是一种很好的选择。

Latest Fashion Design

成品规格：衣长60cm，胸宽54cm，肩宽52cm，袖长45cm
编织密度：22针X26.9行=10cm²

工具：10号棒针
使用线材：灰色羊毛线800g，浅棕色、黄色、深棕色羊毛线各30g

田园风开衫

墨绿色的线材选择，
两个漂亮花篮的点缀，
这样的一件田园风气息的开衫装你也值得拥有。

Latest Fashion Design

成品规格：衣长63cm，胸围108cm，袖长54cm
编织密度：24针X28行=10cm²
工具：10号棒针 5号钩针
使用线材：墨绿色毛线550g，其他色线少许，纽扣5枚

How to make P115

How to make P116

Forest Girl Series

韩式短袖装

衣身全部都是由麻花花样编织而成的，
袖窿处罗纹的编织让衣身又多了一点层次感。

Latest Fashion Design

成品规格：衣长63cm，胸宽50cm
编织密度：19.6针X29行=10cm^2
工具：10号棒针
使用线材：红色含金纯棉线400g

How to make P117-118

Forest Girl Series

短款长袖装

经典的圆领样式，
搭配各种各样的立体花花样，
这样的一件长袖装，
搭配一件紧身的铅笔牛仔裤相信也是很不错的。

成品规格：衣长50cm，胸围100cm，袖长48cm
编织密度：20针X26行=10cm²
工具：9号棒针
使用线材：杏色线250g、米白色线200g

How to make P119-120

Forest Girl Series

亮丽彩虹装

各种颜色的线材搭配，
不同形状的立体花花样，
这样的一件彩虹装，充满着无限的活力。

Latest Fashion Design

成品规格：衣长63cm，胸宽48cm，肩宽44cm，袖长37cm
编织密度：22.5针X22.5行=10cm²
工具：10号棒针，2.5mm钩针
使用线材：红色、灰色、绿色、蓝色奶棉绒毛线各150g

Forest Girl Series

树叶花毛衣

此款毛衣的花样，
全部都是编织的一簇簇的树叶花花样，
立体的花样编织显得格外的生动。

How to make P121-122

Latest Fashion Design

成品规格：衣长54cm，衣宽60cm，袖长48cm
编织密度：20针X24行=10cm²

工具：8号棒针，缝衣针
使用线材：米色中粗腈纶毛线600g，纽扣6枚

How to make P123

Forest Girl Series

甜美糖果外套

此款开衫以天蓝色为主，
衣身编织的红色糖果，
给人一种甜美的纯真梦幻。

成品规格：衣长52cm，胸围100cm，袖长54cm
编织密度：24针X28行=10cm^2
工具：10号棒针，5号钩针
使用线材：天蓝色毛线500g，其他色线少许，纽扣5枚

How to make P124-125

Forest Girl Series

大牌范儿毛衣

此款毛衣不论是在线材的选择上，
还是款式的设计上，
都堪称编织中的经典之作。

Latest Fashion Design

成品规格：衣长58cm，胸宽50cm，肩宽40cm
编织密度：19针X23.2行=10cm²
工具：8号棒针
使用线材：蓝色羊毛线800g

How to make P126

Forest Girl Series

毛茸茸

此款毛衣兔绒线的选择，
让整件毛衣看上去十分的
也可以作为冬季的打底毛衣

Latest Fashion Design

成品规格：衣长62cm，胸宽58cm，肩宽
编织密度：14针X14行=10cm^2
工具：8号、10号棒针
使用线材：玫红色带结羊毛线600g

How to make P127
Forest Girl Series
菱形花样毛衣
衣身全部都是由整齐的菱形花样编织而成的，
错落有致。
搭配一件修身的牛仔裤也是很不错的。
Latest Fashion Design
成品规格：衣长50cm，衣宽49cm，袖长58cm
编织密度：16针X22行=10cm²
工具：9号棒针，钩针
使用线材：米色中粗腈纶毛线600g，其他色线少许

How to make P128

Forest Girl Series

米色V领装

清晰的花样编织，
简约的V领设计，
搭配大大的喇叭袖，
这样的一件针织衫在春秋时节穿着都是不错的哦

Latest Fashion Design

成品规格：衣长58cm，胸宽88cm，连肩袖长55cm
编织密度：20针X20行=10cm²
工具：[illegible]号棒针，5号钩针
使用线材：米色毛线550g

珍珠花圆领装

【成品规格】 衣长56cm，胸围104cm，袖长48cm

【工　　具】 9号、11号棒针

【编织密度】 20针×22行=10cm²

【材　　料】 紫色毛线550g

编织要点:

1.后片：用11号棒针起104针织单罗纹6cm，换9号棒针织，中心织3组花样，两侧织平针，织30cm开挂肩，腋下平收4针，再依次减针，织20cm平收。

2.前片：织法同后片；领窝留8cm，中心平收12针，两侧再依次减针，至完成。

3.袖：用11号棒针起40针织单罗纹5cm，换9号棒针织，先均加12针，中心织2组花样，两侧织平针，袖筒两侧依次加针，织33cm后织袖山，腋下平收4针，再分别减针至20针后平收。

4.领：用11号棒针沿领窝挑106针织单罗纹3cm，平收，完成。

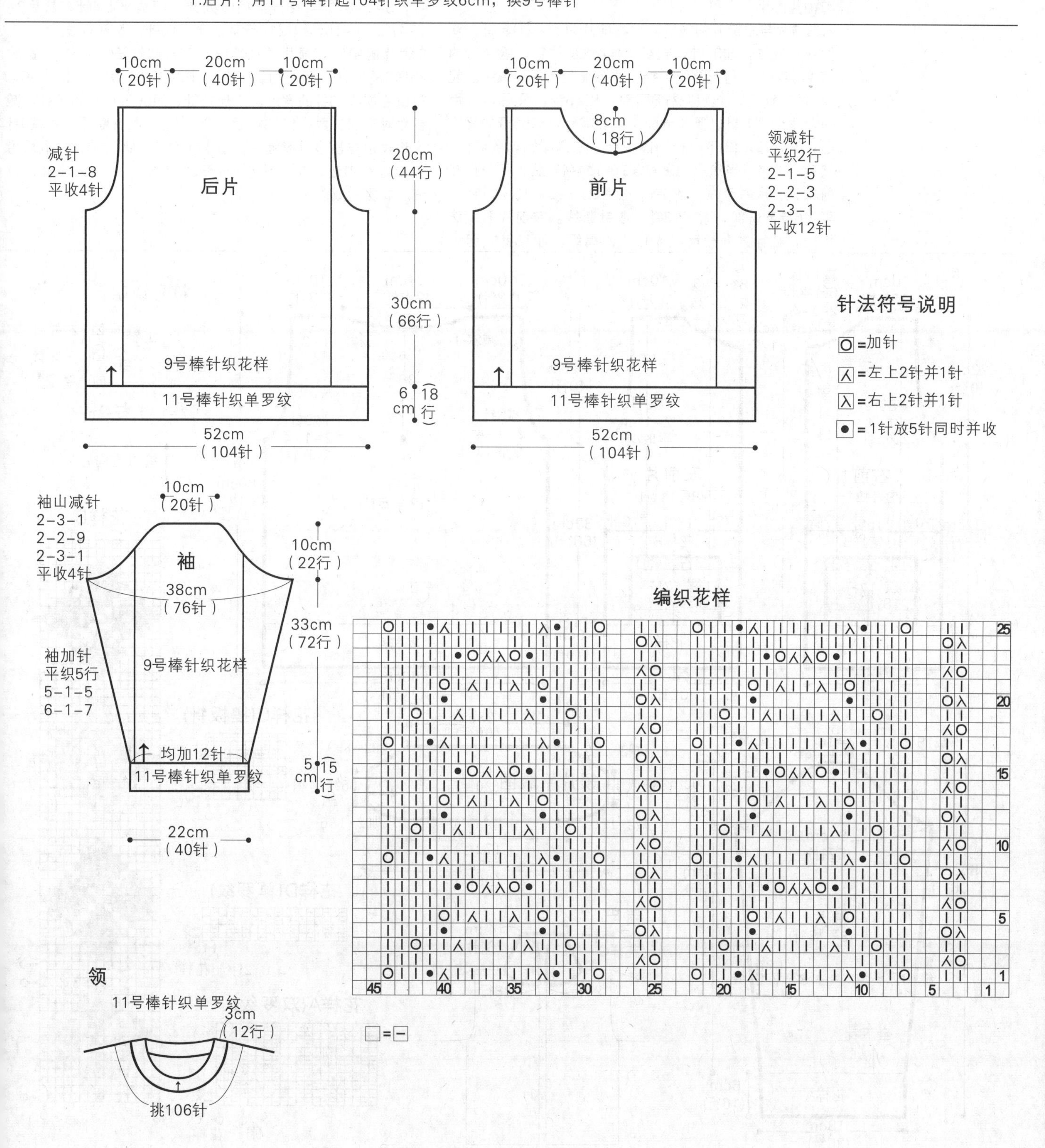

帅气拉链装

【成品规格】	衣长60cm，胸宽50cm，肩宽44cm，袖长56cm
【工　　具】	8号、10号棒针
【编织密度】	14针×19行=10cm²
【材　　料】	白色羊绒线400g，灰色与深棕色线各60g，拉链1根

编织要点:

1.棒针编织法。前片由左前片和右前片组成，后片一片和袖片两片。

2.左前片与右前片的编织。以右前片为例。(1)起针，双罗纹起针法，起32针，起织花样A双罗纹针，织16行的高度。(2)下一行起全织下针，并分配配色图案编织。起织7针下针后，起织花样B图解，织15针，最后10针用白色线全织下针，照此分配，不加减针，织56行的高度后，至袖窿。(3)下一行袖窿减针，左侧减针，收4针，然后2-1-4，当织成袖窿算起28行的高度后，下一行减前衣领，从右至左，收5针，然后2-2-3，减少11针，再织6行至肩部，余下13针，收针断线。左前片的织法相同，减针方向相反。(4)口袋的编织。起18针，起织花样C，织一个方块配色图案。织17行的高度后，全改织花样D单罗纹针，织4行后收针断线。将口袋下边与前片的第17行对应缝合，图案对应缝前片上的图案，将两边与衣身缝合。

3.后片的编织。双罗纹起针法，起70针，起织花样A双罗纹针，不加减针，织16行的高度，下一行起全织下针，织56行至袖窿，下一行袖窿减针，两边平收4针，然后2-1-4，当织成袖窿算起36行的高度时，下一行织后衣领边，中间平收24针，两边2-1-2，至肩部余下13针，收针断线。最后将前后片的肩部和侧缝对应缝合。

4.袖片的编织。从袖口起织，双罗纹起针法，起28针，织16行后，下一行起全织下针，并在袖侧缝上加针，各加8针，8-1-8，再织8行至袖山减针，两边平收4针，然后2-1-4，1-1-10，织成18行高，余下16针，收针断线。

5.领片的编织。领片单独编织。下针起针法，起5针，起织花样C搓板针。两边加针，一边加2-1-9，另一边2-1-6，将织片加成20针的宽度。不加减针，织60行后开始减针，减针数对应起针数，织18行后，余下5针，收针断线。将减6针这边长边与领边对应缝合，图中ab对应点进行缝合。最后沿着左右衣襟边，挑针钩织一行短针锁边。并在内侧缝上拉链。衣服完成。

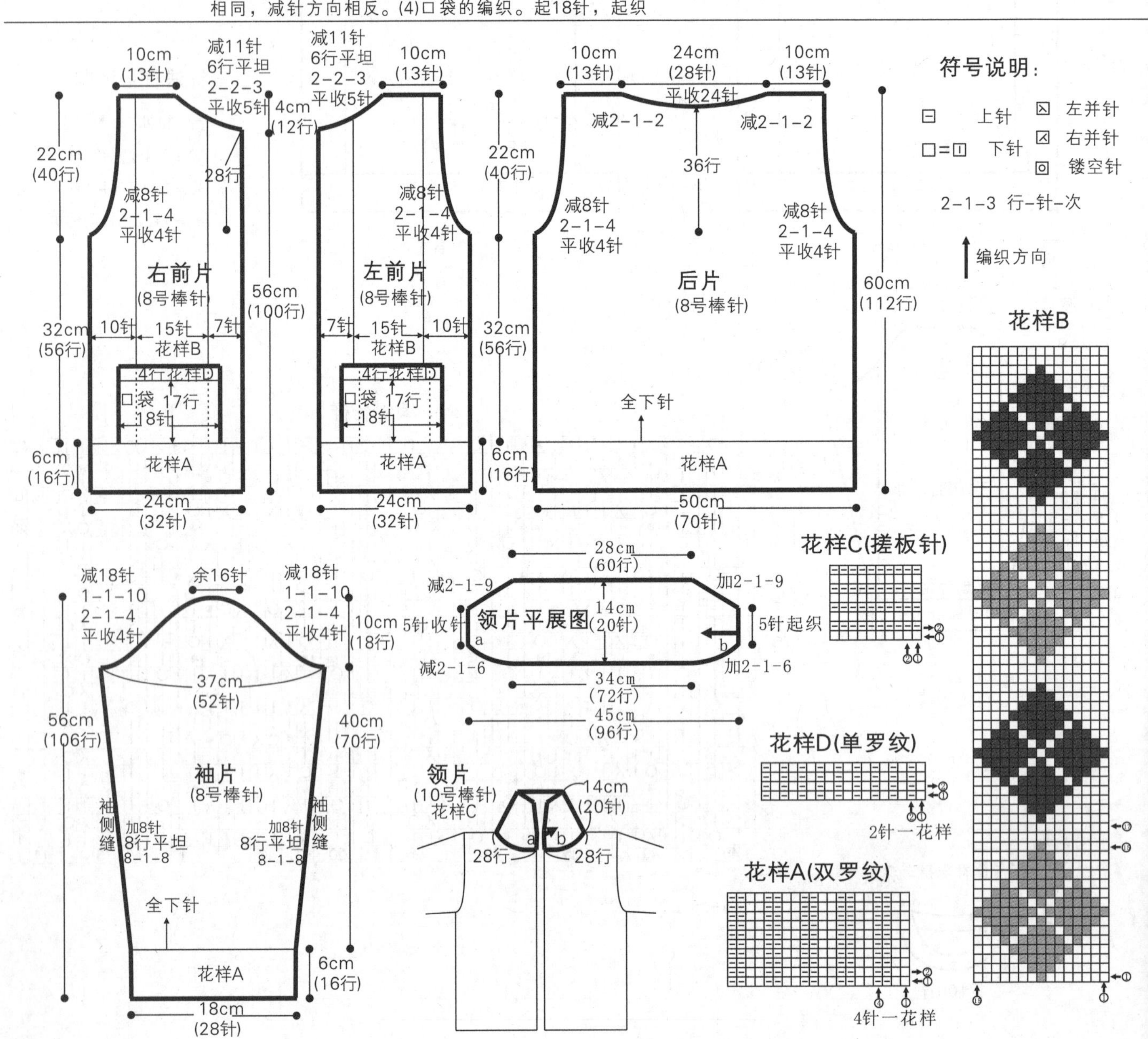

几何图案装

【成品规格】 衣长64cm，胸围96cm，袖长56cm

【工　　具】 9号、11号棒针

【编织密度】 17针×22行=10cm²

【材　　料】 蓝色毛线300g，白色线300g，其他色线少许

编织要点:

1.后片：起120针织单罗纹6行，按图解排花样织，均收掉多余的针数，两侧留14cm织开衩罗纹边；花样的基数为20针，每个花样的密度不同针数也有所不同，在每个花样的结束或开始时调整；肩织斜肩，后领窝平收。

2.前片：织法同后片，前领窝开8cm，中心平收12针，两侧按图示分别减针，至完成。

3.袖：从下往上织平袖；起56针织单罗纹6行，排花样织，收掉多余的针数，并均匀在两侧加针织袖筒43cm，袖山腋下平收4针，再按图示减针，最后16针平收。

4.领：沿领口挑90针织单罗纹16行平收；缝合各片，挑38针织开衩边6行，完成。

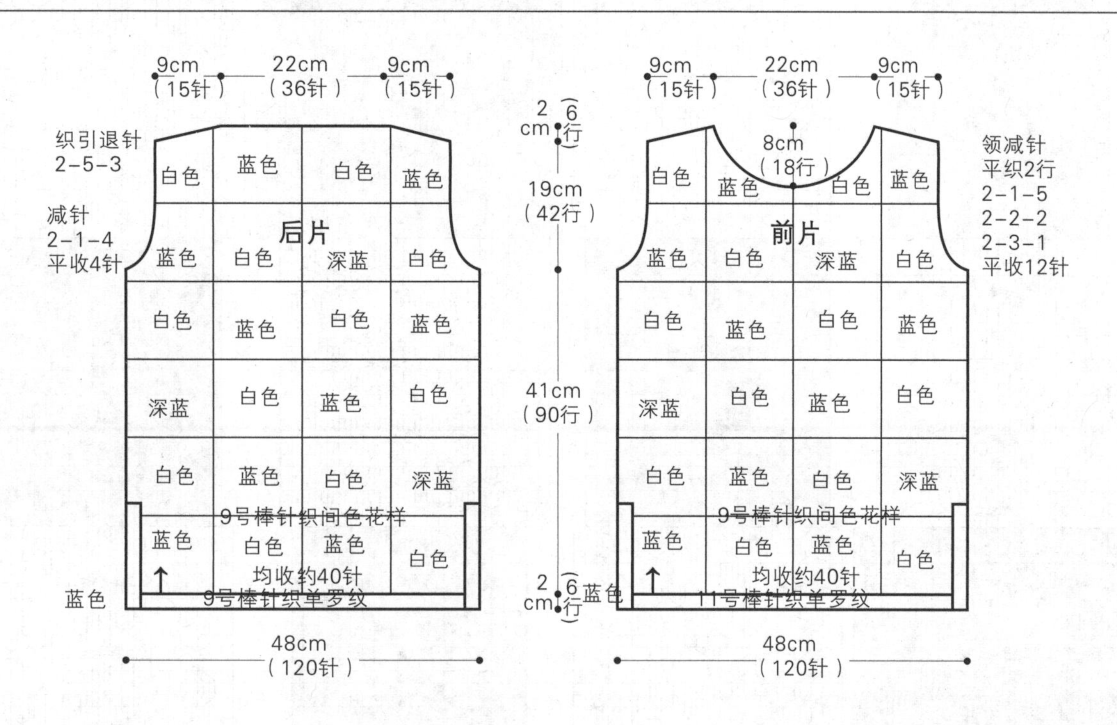

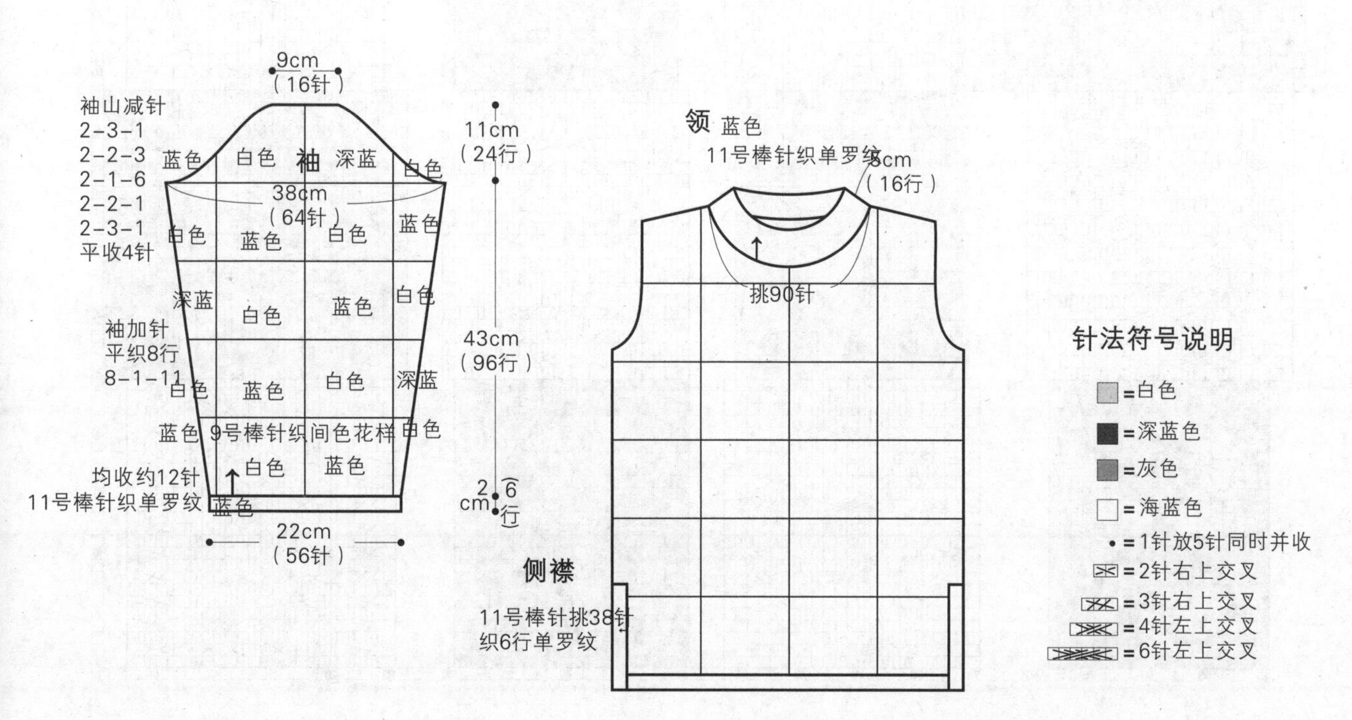

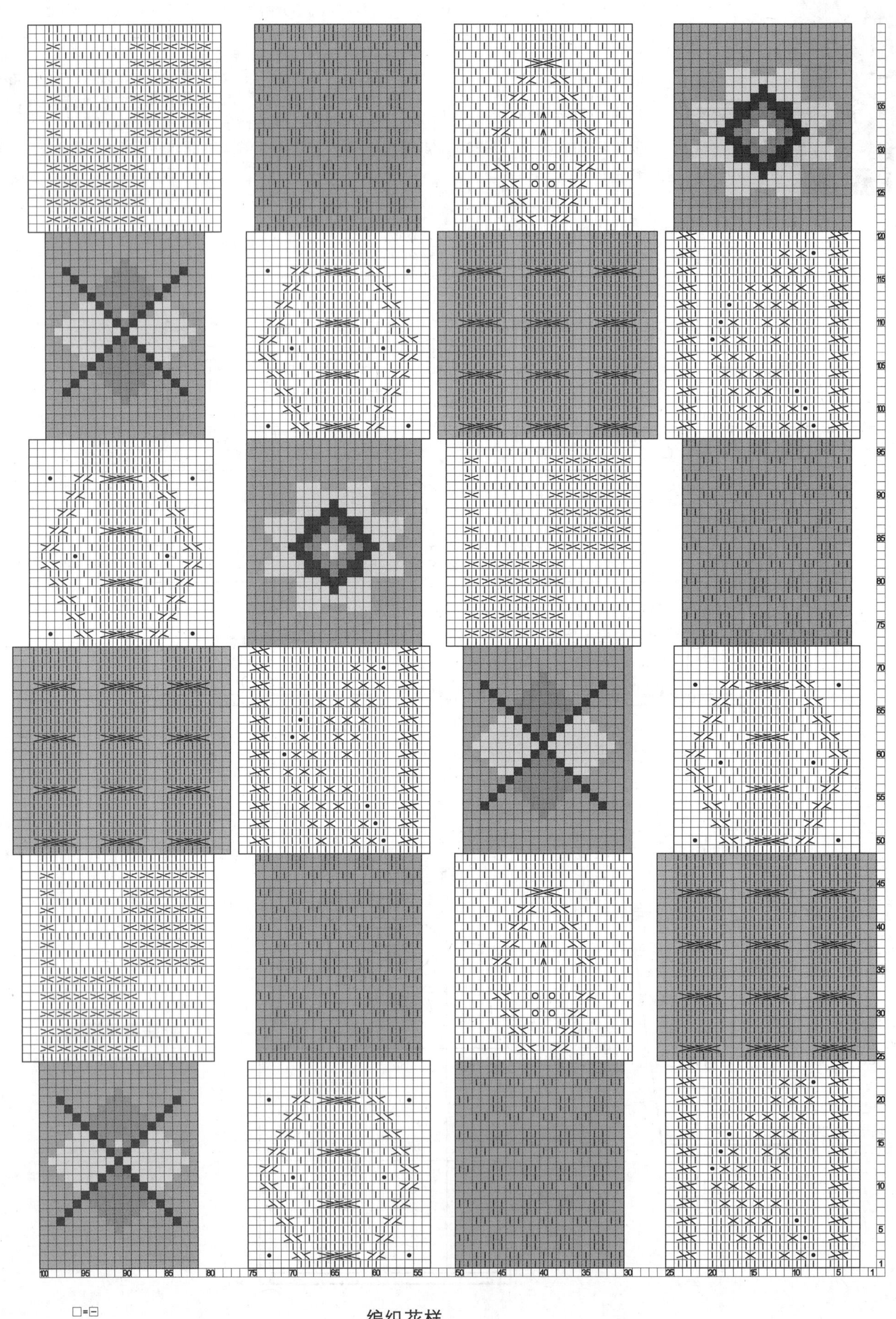

□=⊟

编织花样

复古立领长袖装

【成品规格】 衣长56cm，胸围116cm，袖长45cm

【工　　具】 9号、10号棒针

【编织密度】 18针×26行=10cm²

【材　　料】 军绿色毛线450g

编织要点:

1.后片：用10号棒针起104针织单罗纹18行，上面换9号棒针织花样，花样布局呈阶梯式，织33cm开挂肩，腋下平收2针，再依次减针，肩平收，后领窝深2cm。

2.前片：织法同后片；前领窝深7cm，中心平收14针，两侧再依次减针。

3.袖：织平袖；从袖口往上织：用10号棒针起44针织单罗纹10行，换9号棒针均加6针织花样，中心一组直织上去，两侧的花样各织40行；分别在两侧加针，织42cm平收。

4.领：用10号棒针沿领窝挑88针织单罗纹，织7cm平收；完成。

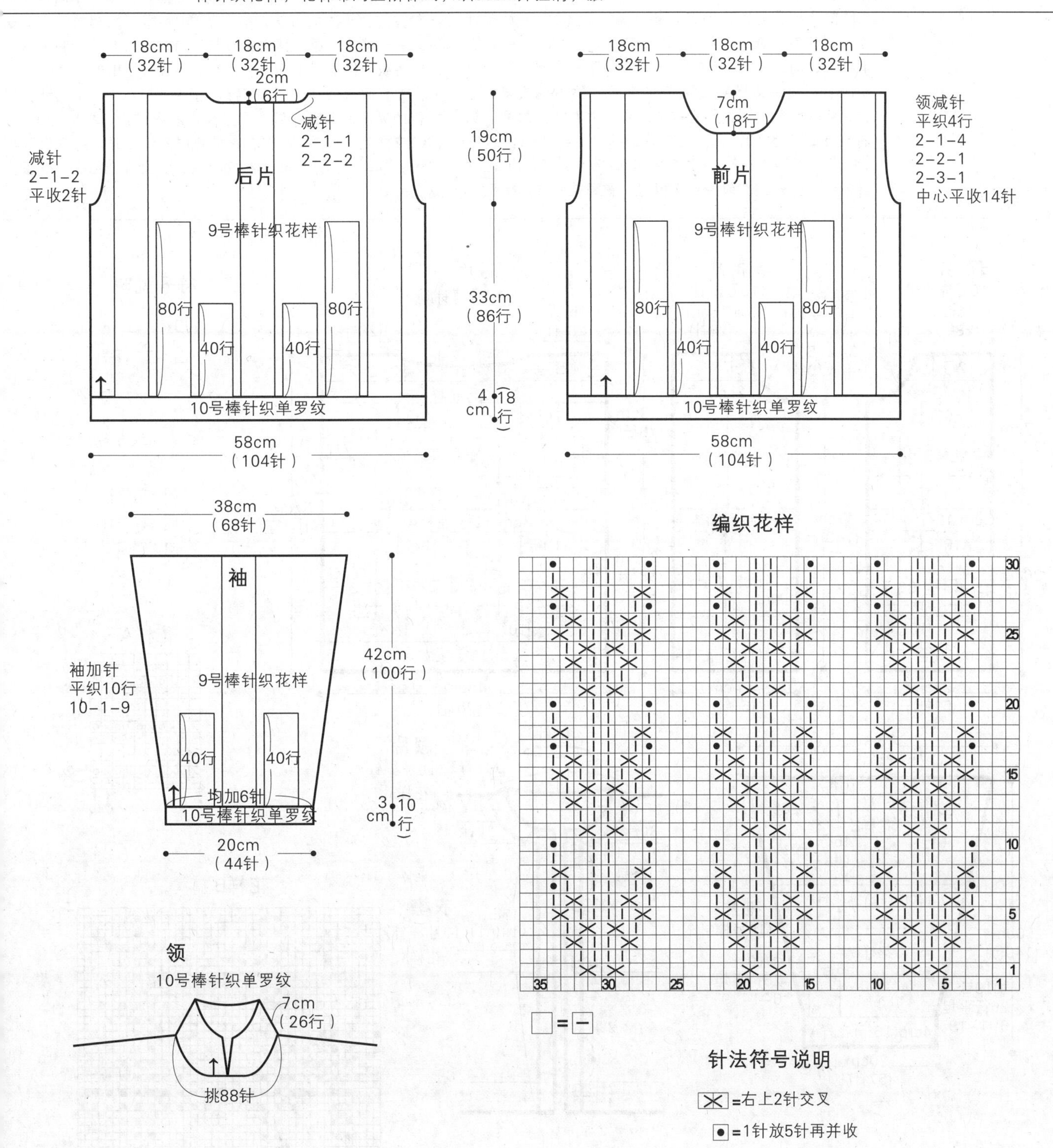

米色精致开衫

【成品规格】　衣长57cm，胸宽48cm，袖长50cm

【工　　具】　10号棒针

【编织密度】　20针×30行=10cm²

【材　　料】　米色丝光棉线100g，纽扣5枚

编织要点:

1.棒针编织法，由前片2片、后片1片、袖片2片组成。从下往上织起。

2.左前片与右前片的编织。各自编织。（1）下针起针法，起51针。起织花样A，不加减针，4行花a一层，织4层，共16行。（2）第17行起，全织下针，不加减针，织56行后改织花样A，3层花a的高度，然后继续编织下针，织56行后，下一行起减前衣领。以右前片为例，从右至左，平收10针，然后依次2-2-5，4-1-1，织成14行后，不加减针，再织10行至肩部，余下28针，收针断线。另一边左前片织法相同，衣领减针方向相反。（3）在两个前片的下针织块上，如结果图的位置上，用毛线绣里的结粒针迹的方法，参照花样B绣上图案。

3.后片的编织。后片织法与前片相同，依照结构图所分配的花样，织成第三层花样A后，改织下针，再织8行下针减后衣领，中间平收42针，两侧减针，2-2-2，织成4行后至肩部，余下28针，收针断线。此款衣服无袖窿减针，只将从衣摆算起29cm的高度部分进行缝合，再将肩部缝合，得出的未缝合部分作袖口。

4.袖片的编织。袖片从袖口起织，下针起针法，起57针，起织花样A，不加减针，往上织16行的高度，下一行起织下针，两袖侧缝加针，6-1-19，不加减针再织26行后完成袖片编织。中间下针织56行后，改织花样A3层花a，然后余下全织下针，织成95针，收针断线。然后在图中所示的位置上与左右前片相同的方法，绣上花样B图案。用相同的方法去编织另一袖片。再将两个袖片与袖口对应缝合。在腋下侧，适当将织片往里缝大一点宽度，使袖片有袖山的斜度。

5.沿着前后衣领边，挑104针，起织花样A，不加减针，织12行的高度后收针断线。再沿着左右衣襟边，挑出130针，起织花样A，共12行，在右衣襟制作五个扣眼，扣眼针数与相隔针数如结构图所示。在左衣襟上钉上五个扣子。衣服完成。

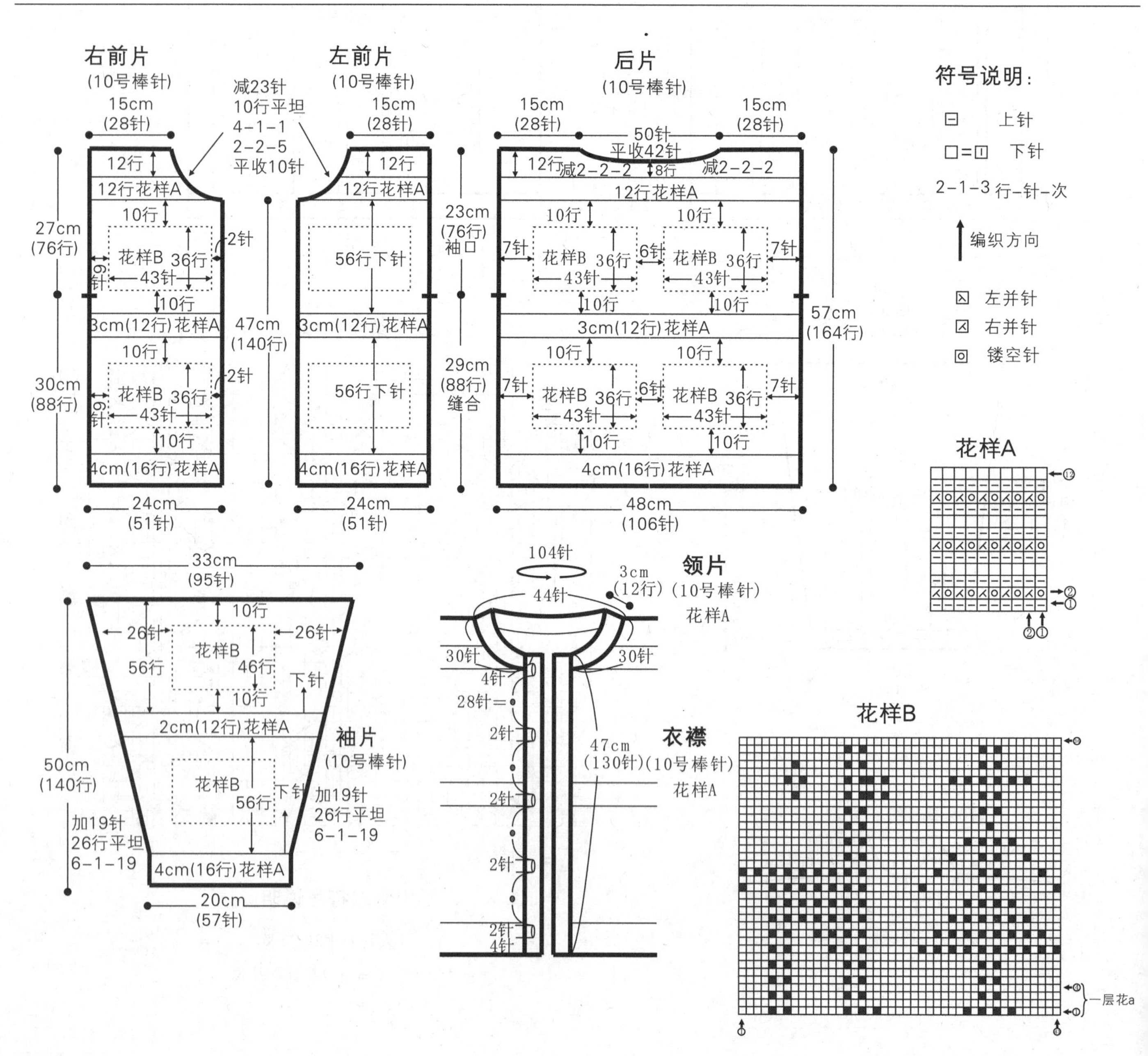

立体花开衫

【成品规格】 衣长56cm，胸围112cm，袖长54cm

【工　　具】 10号棒针，5号钩针

【编织密度】 21针×28行=10cm²

【材　　料】 毛线600g，纽扣6枚

编织要点:

1.后片：起120针织花样A14行，织花样B52行，上面织花样C；织38cm开挂肩，腋下平收4针，两侧按图示减针，挂肩高18cm，肩平收，后领窝深1.5cm。

2.前片：开衫，起60针，织法同后片；前片领窝深8cm，中心平收7针，按图示依次减针至完成。

3.袖：从下往上织；起58针织花样A14行，织花样B52行，上面全部织花样C；袖筒织48cm，两侧按图示加针，袖山腋下平收4针，再依次减针，最后42针平收。

4.领、门襟：缝合各部分，先挑织门襟，门襟织花样A，一侧开扣洞6个；领织花样D8cm，边缘钩花样。

5.钩花朵若干，点缀在衣服上，完成。

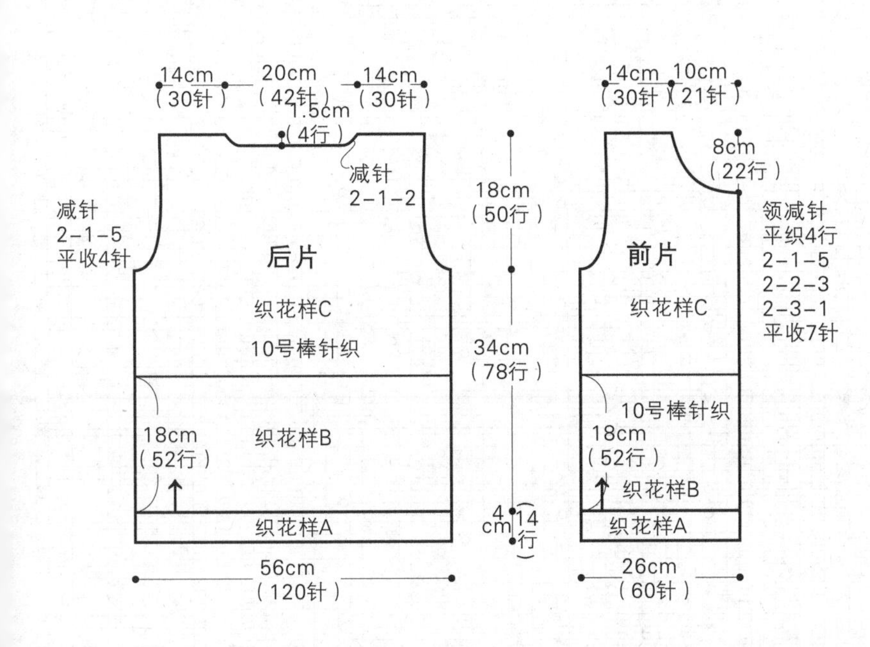

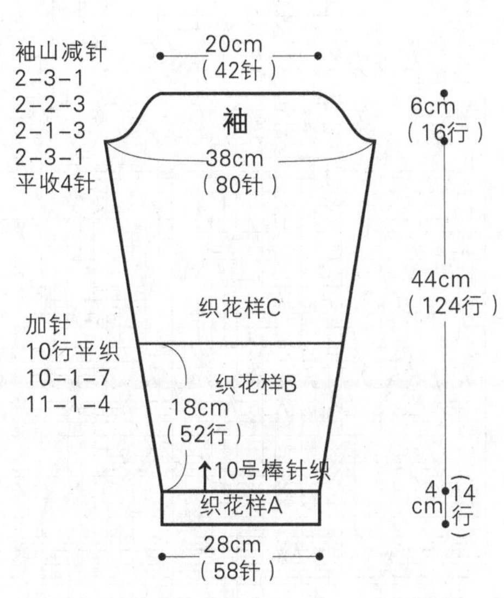

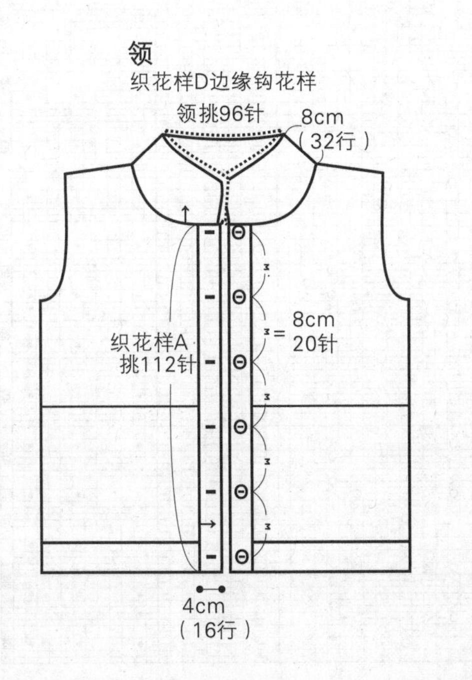

针法符号说明

- =加针
- =左上2针并1针
- =右上2针并1针
- =中上3针并1针
- =2针左上交叉
- =3针左上交叉
- =4针左上交叉
- =6针左上交叉
- =枣子针
- =辫子
- x=短针
- =长针
- =引拔针

领边缘

钩花朵

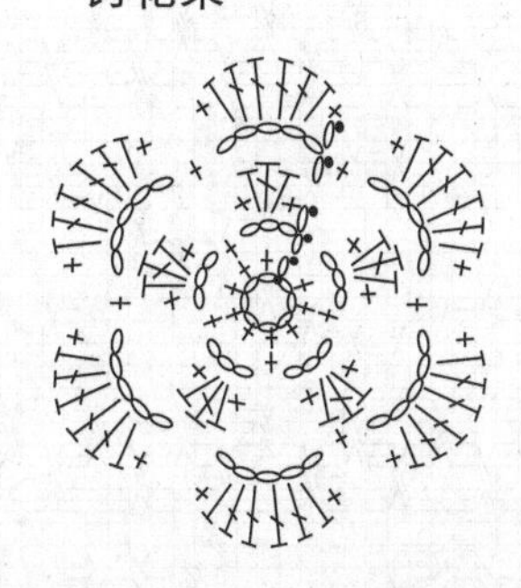

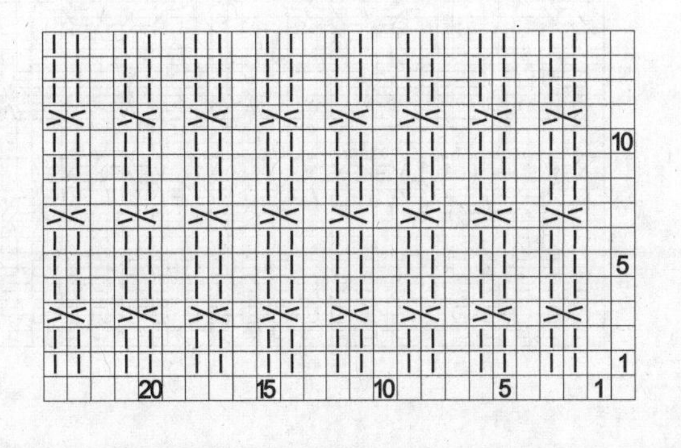

□=⊟ 花样D

编织花样

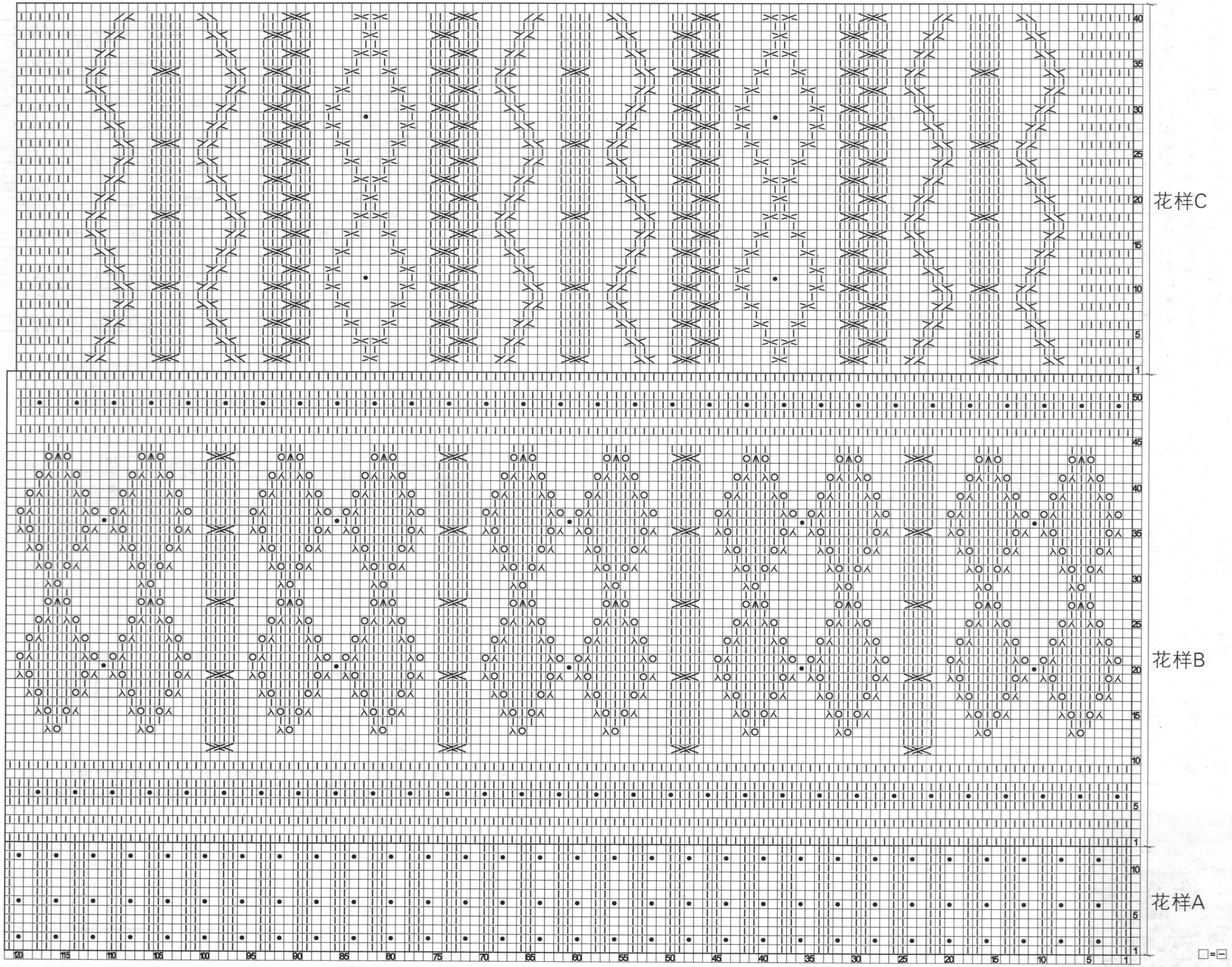

花样C

花样B

花样A

□=⊟

帅气格子装

【成品规格】 衣长58cm，胸围104cm，袖长43cm

【工　　具】 9号、11号棒针、5号钩针

【编织密度】 20针×30行=10cm²

【材　　料】 绿毛线300g，白色线250g

编织要点:

1.后片：用11号棒针起108针织绿色单罗纹6cm，换9号棒针织间色花样，每个方块为6针10行，交错织；两侧平直织52cm，肩平收，后领窝深2cm。

2.前片：织法同后片，前领窝开8cm，中心平收10针，两侧按图示分别减针，至完成。

3.袖：从下往上织平袖；用11号棒针起52针织绿色单罗纹6cm，换9号棒针织间色花样，同身片；分别在两侧加针，织40cm平收。

4.领：用11号棒针沿领窝挑108针织绿色单罗纹6cm，对折从里层缝合成双层；另钩单元花若干，分别缝合在前、后片，完成。

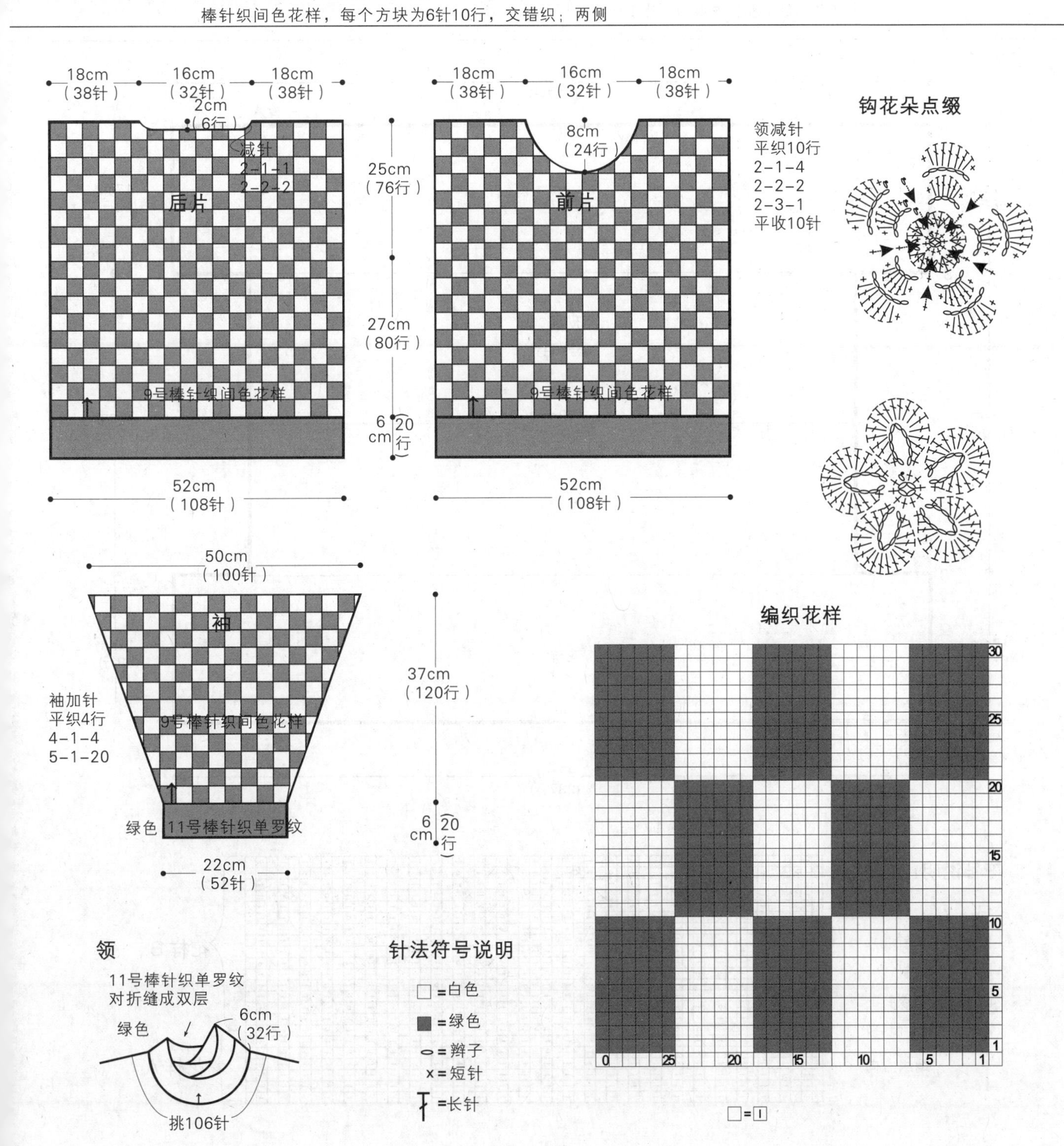

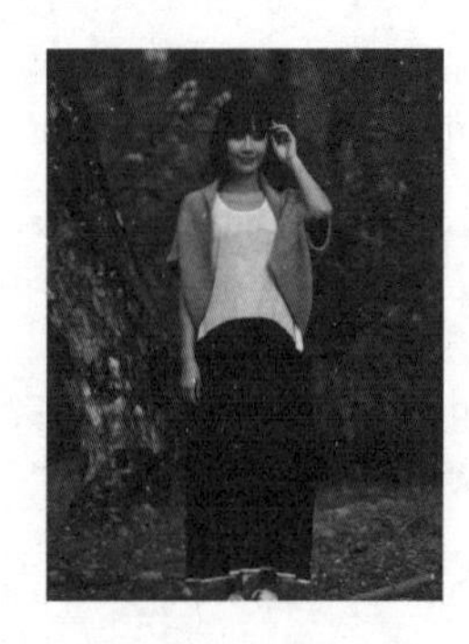

浅紫色披肩

【成品规格】 衣长69cm，衣宽90cm

【工　　具】 8号棒针

【编织密度】 26针×34行=10cm²

【材　　料】 浅紫色中粗腈纶毛线600g

编织要点:

1.棒针编织法。整件衣服由一片织成。

2.编织方法：单罗纹起针法起237针，织58行花样A，再织120行花样B，最后再织58行花样A。

3.缝合方法：用缝衣针按图示把数字相同的边缝合在一起就行了。

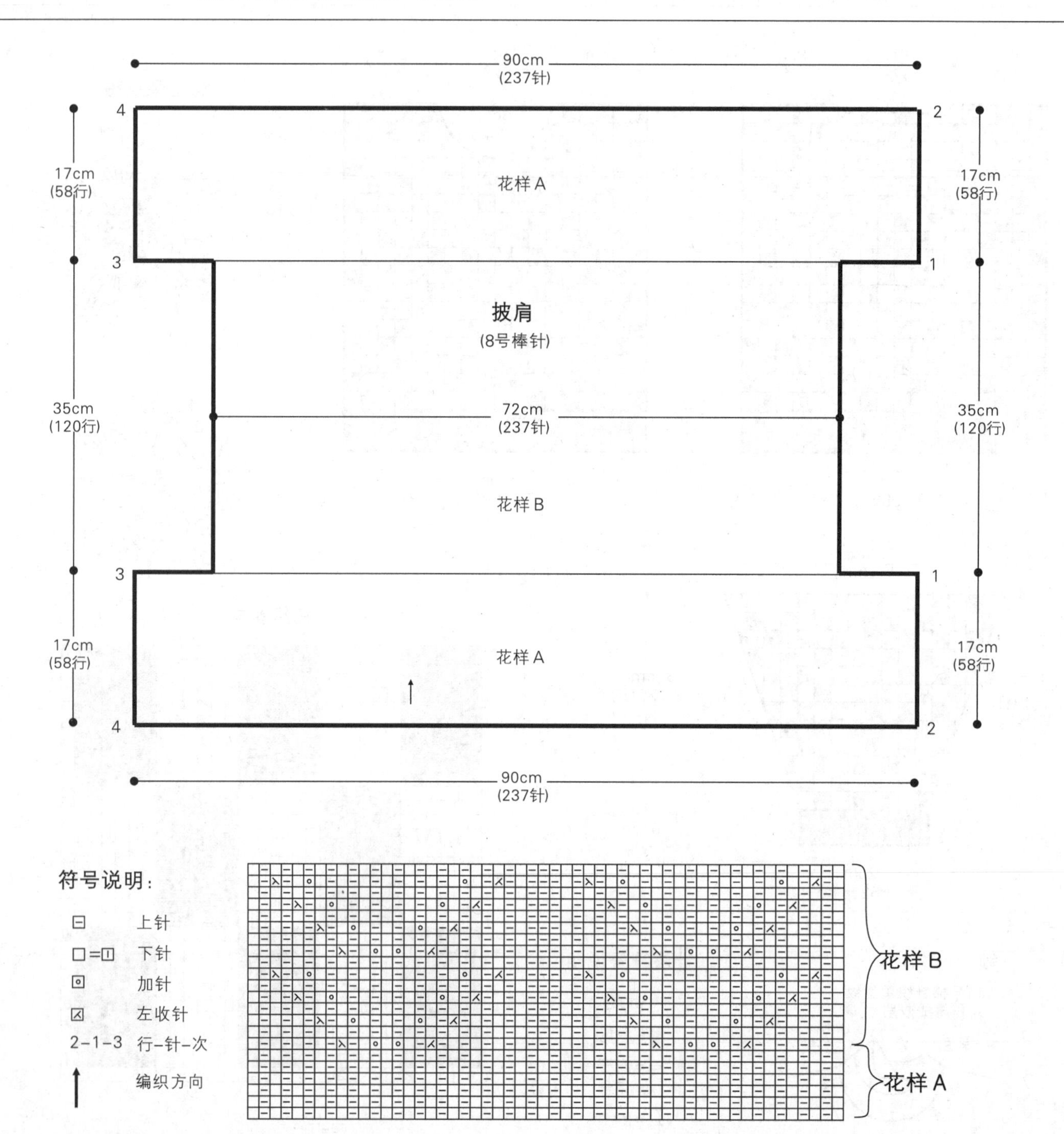

褐色V领开衫

【成品规格】 衣长54cm，胸宽54cm，袖长45cm

【工　　具】 12号棒针，1.5mm钩针

【编织密度】 32针×45行=10cm²

【材　　料】 褐色羊毛线800g，纽扣7枚

编织要点:

1.棒针与钩针编织法结合。由左前片、右前片、后片和两个袖片组成，最后织帽片和钩针钩织衣边。

2.前片的编织。由左前片与右前片组成。两边花样排列不相同。参照结构图进行排花样编织。以右前片为例说明。（1）起针，下针起针法，起88针，从右至左，排出4针花G，30针花D，30针花B，24针花E进行编织，照此分配织40行。然后改变花样，具体依照结构图和图解进行排列。织132行后，下一行左侧进行减针织袖窿，从左往右，平收4针，然后2-1-18，当织成40行后，下一行开始减前衣领边。先平收12针，然后2-1-12，再织44行至肩部，余下44针，收针断线。（2）左前片起针针数和减针方法、行数都与右前片相同，减针方向相反。

3.后片的编织。下针起针法，起174针，从右至左，排24针花A，30针花E，30针花C，6针花F，这个花F始终编织至衣领，30针花D，30针花B，24针花E。不加减针，织40行后换花型。不加减针，织132行至袖窿，袖窿减针方法与前片相同。当织成袖窿算起104行的高度时，下一行中间平收42针，两边减针，2-1-2，两边肩部余下44针，收针断线。

4.袖片的编织。下针起针法，起76针，从右至左，排8针花B，30针花C，30针花D，8针花B起织，并在两袖侧缝上加针，6-1-20，4-1-10，同样织成40行换花样，依照结构图变换，两边加针未形成一个花样的部分，织下针代替，织成160行的袖身后，下一行两边减袖山，两边同时平收10针，然后1-2-14，两边各减少38针，余下60针，收针断线。用相同的方法去编织另一个袖片。

5.帽片的编织。帽片单独编织。由帽前沿下端衣襟转角处起织，1针起织，起织花H，内侧加针，2-1-18，加成18针，不加减针，织42行的高度后。暂停编织。用相同的方法织另一边，但加针方向相反，织78行后，在加针边这端用单起针法，起54针，与原来织好的织片连接作一片继续编织，整片针数为90针，不加减针，织60行后，收针断线。

6.缝合。将前片与后片的肩部对应缝合，再将前后片的侧缝缝合。将袖片的袖山边线与衣身的袖窿边线缝合，再将袖侧缝缝合。最后将领片与衣身领边对应缝合。

7.衣边的编织。依次沿着右衣襟、帽前沿、左衣襟、左下摆边、后下摆边、右下摆边，用1.5mm钩针，沿边钩织4行花J花边。袖口也钩织4行花J。在右衣襟制作7个扣眼，扣眼用2针锁针代替。对应在左衣襟钉上7枚纽扣。衣服完成。

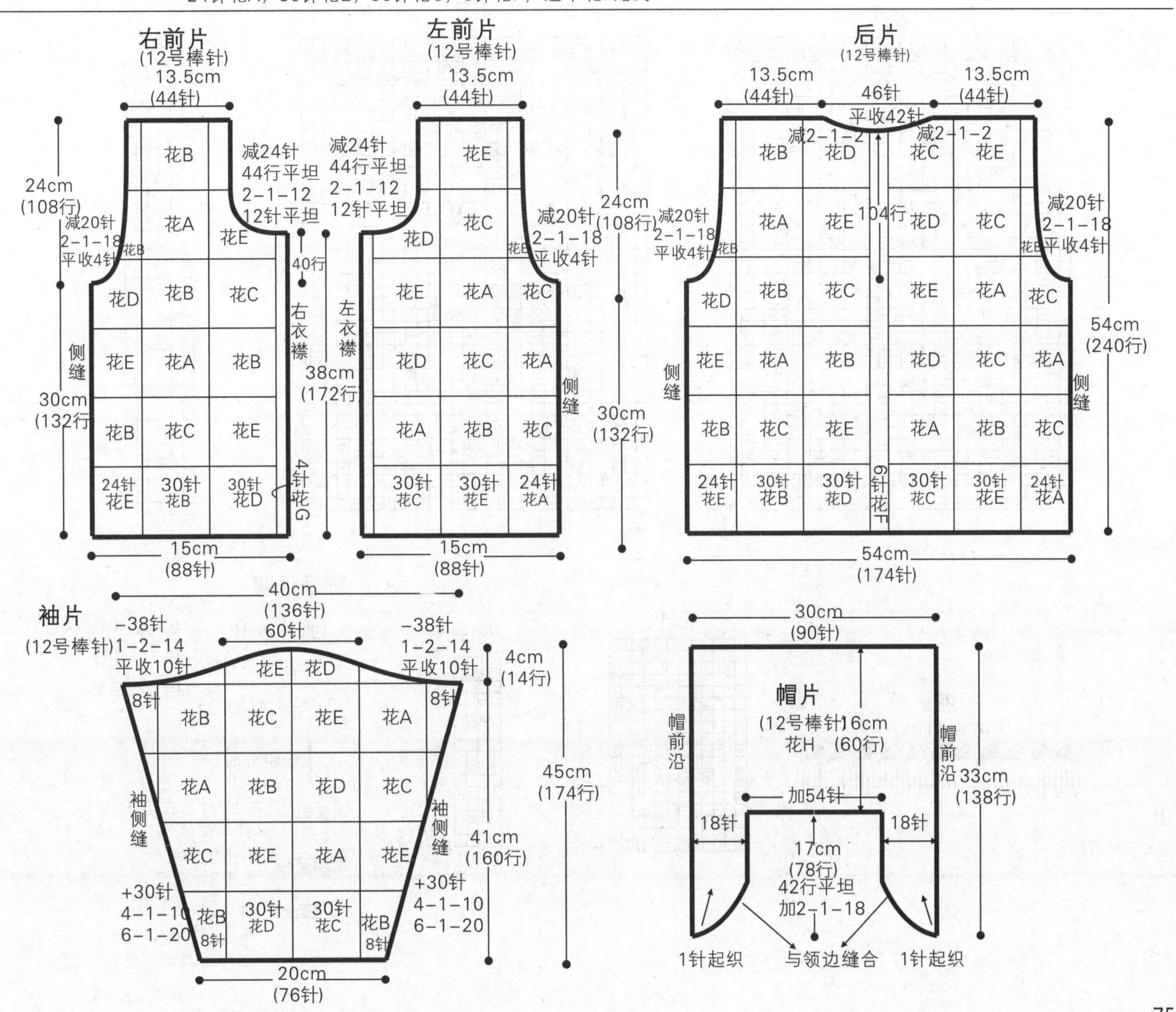

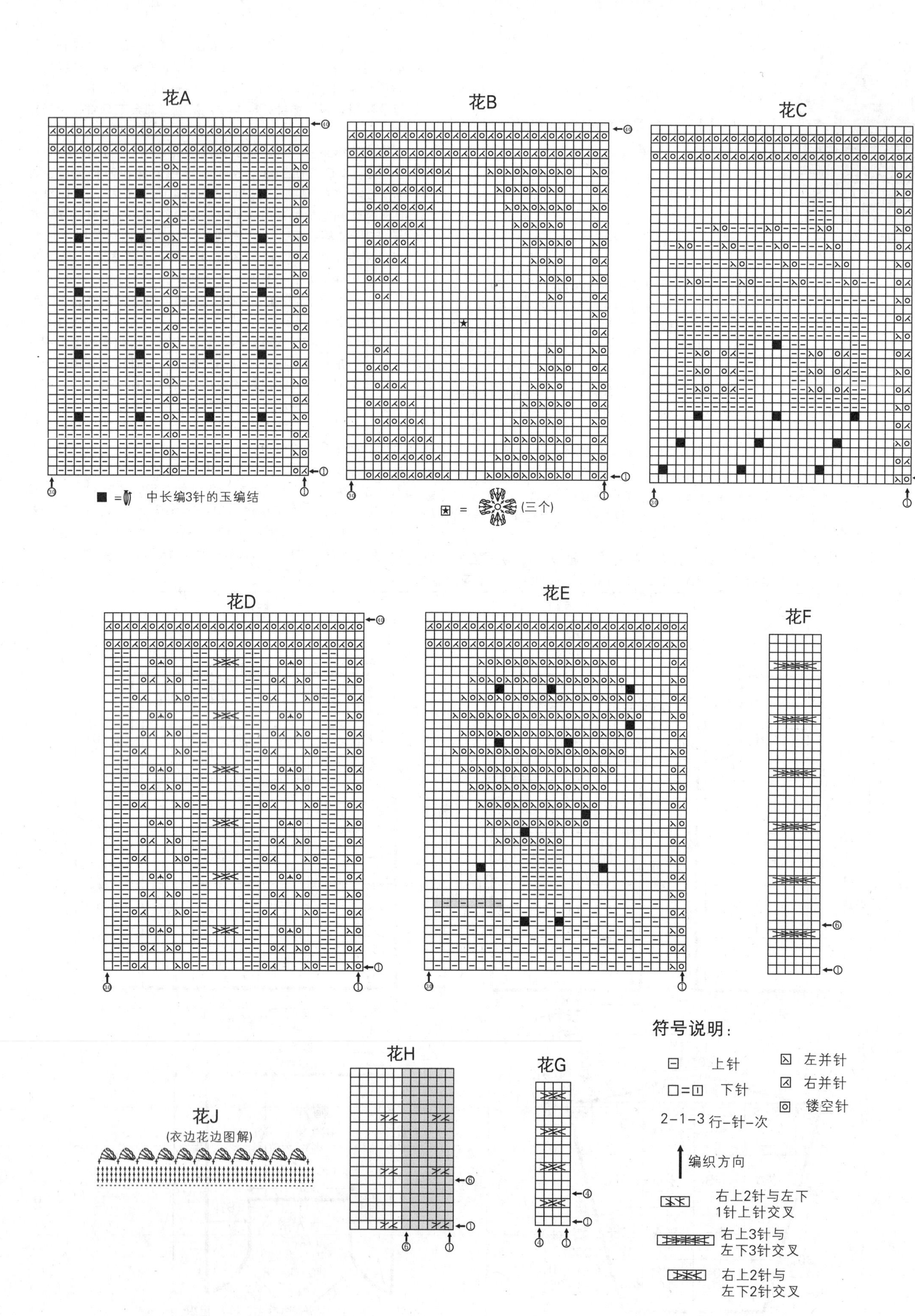
花A
■ = 中长编3针的玉编结
花B
★ = (三个)
花C
花D
花E
花F
花J
(衣边花边图解)
花H
花G
符号说明:
上针
下针
2-1-3 行-针-次
左并针
右并针
镂空针
编织方向
右上2针与左下1针上针交叉
右上3针与左下3针交叉
右上2针与左下2针交叉

拼色开衫

【成品规格】	衣长62cm，胸宽54cm，肩宽52cm，袖长53cm
【工　　具】	10号棒针
【编织密度】	18针×24行=10cm²
【材　　料】	杏色、白色、浅灰色、咖啡色羊毛线各150g，纽扣8枚

编织要点:

1.棒针编织法。由不规格排列的织片缝合而成。分别由左右前片、后片、袖片两个各自进行拼接形成。

2.前片的编织。由左前片和右前片组成。两者的各个花样排列各不相同。（1）右前片主要由下摆花样A，衣身花A、花B、花C、花D、花Q，以前一个由灰色线织片，起12针，织42行，织上针形成的方块。依照结构图排列拼接缝合。（2）左前片主要由下摆花样A，衣身花J、花f、花F、花G、花H排列形成，再加一个由棕色线织上针，起6针，织58行的方块拼接而成。

3.后片的编织。后片由下摆花样A，衣身由花A、花a、花f、花C、花b、花c、花e、花d、花Q拼接而成。

4.袖片的编织。袖片由袖口花样A，织16行。袖身由花K、花J、花M、花C、花N、花P拼接而成。袖侧缝加针与袖山减针方法，具体见各片的图解。另一个袖片织法完全相同。

5.缝合。将完成的各片、前后片的肩部对应缝合，再将侧缝对应缝合。将袖片的袖山边线与衣身的袖窿边线对应缝合，再将袖侧缝缝合。

6.最后分别沿着衣襟两边，各挑出133针，起织花样A，用白色线，织8行后收针断线。在右衣襟制作7个扣眼。再分别沿着前后衣领边，挑出99针，起织花样A，织8行后收针断线。领近右衣襟边，制作一个扣眼。

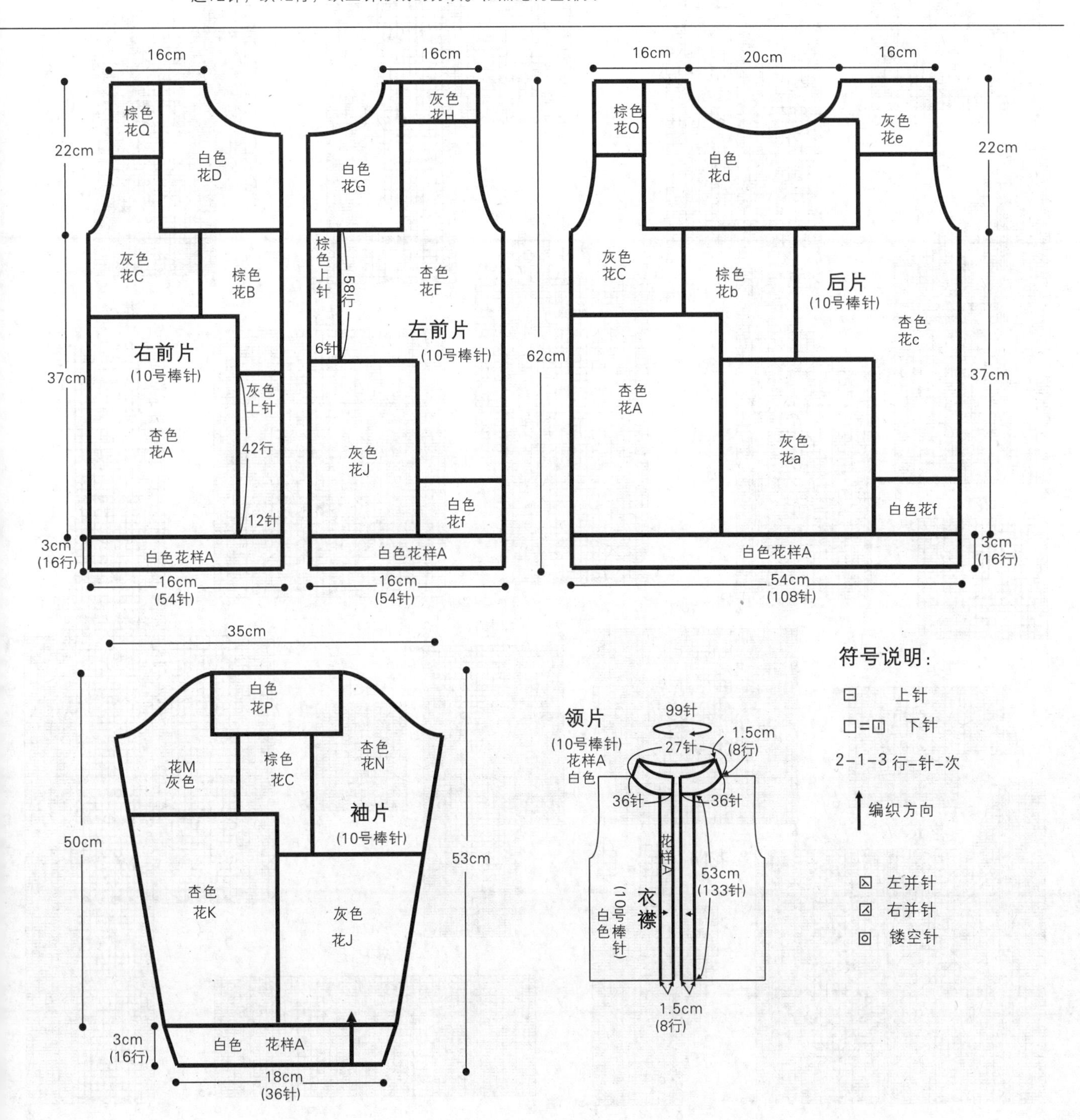

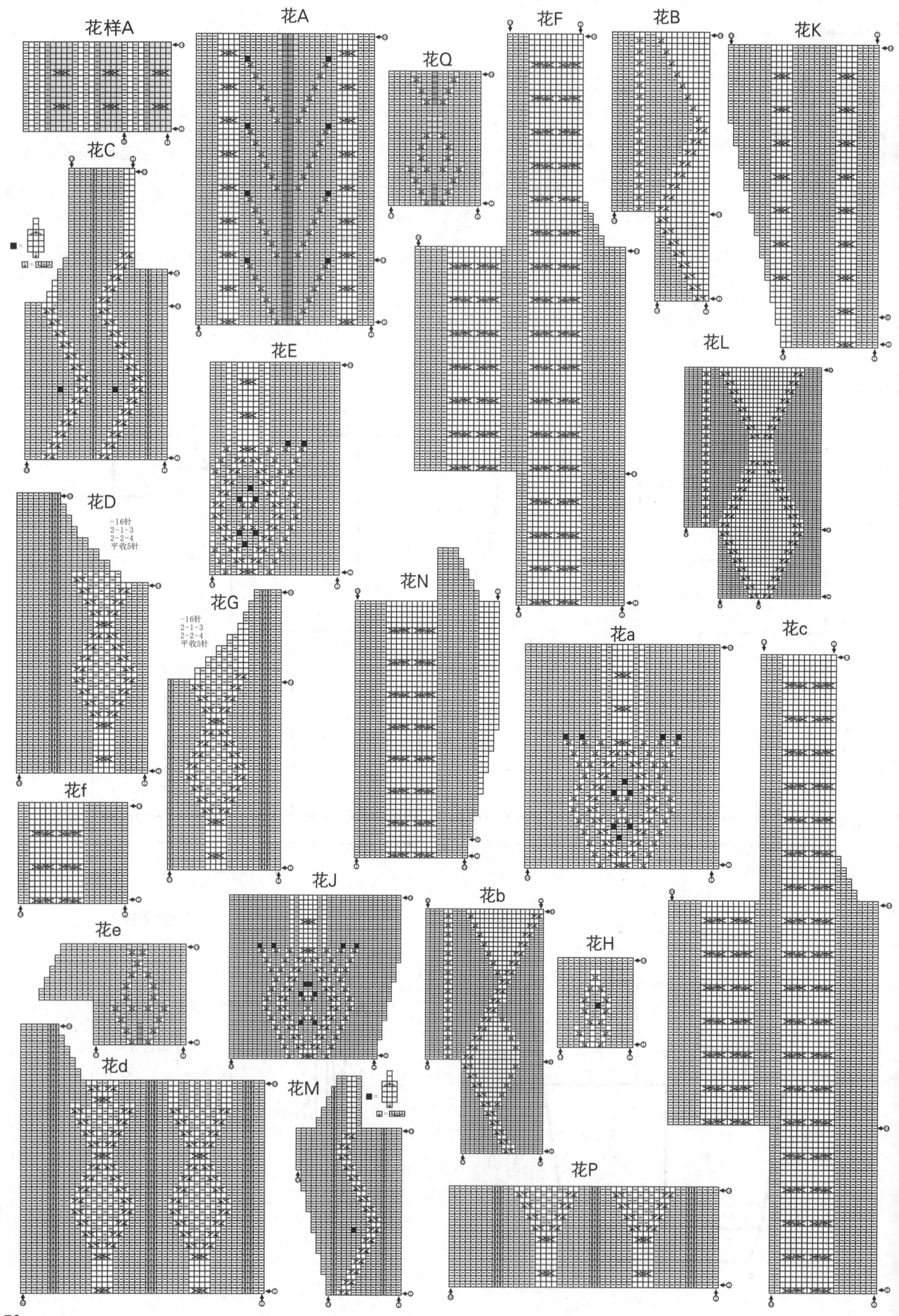
花样A
花A
花Q
花F
花B
花K
花C
花E
花L
花D
-16针
2-1-3
2-2-4
平收5针
花G
-16针
2-1-3
2-2-4
平收5针
花N
花a
花c
花f
花J
花b
花e
花H
花d
花M
花P

森女系开衫

【成品规格】 衣长63cm，胸围88cm，袖长60cm

【工　　具】 10号、11号棒针，5号钩针

【编织密度】 26针×30行=10cm²

【材　　料】 夹花毛线500g，其他色线少许，纽扣5枚

编织要点:

1.后片：起114针排花织，中间52针织3组花样，两侧织平针，平织30行开始加收针织腰线，织40cm开挂肩，腋下平收4针，两侧按图示减针，肩用引退针法织斜肩，后领窝深2cm。

2.前片：起70针，边缘12针织桂花针做门襟，另58针中心20针织花样，挨着门襟的一侧14针织平针，里侧24针织平针；其他织法同后片；前片领窝深10cm，先平收18针，再依次减针，至完成。

3.袖：用11号棒针起68针织桂花针10行，换10号棒针排花样织，中心20针织花样，两侧各24针织平针，分别在两侧逐渐加针织袖筒，袖山腋下平收5针，再依次减针，最后20针平收。

4.领及各边缘：用蓝色线沿所有边缘钩一行短针；领和下摆钩花样；缝合纽扣，完成。

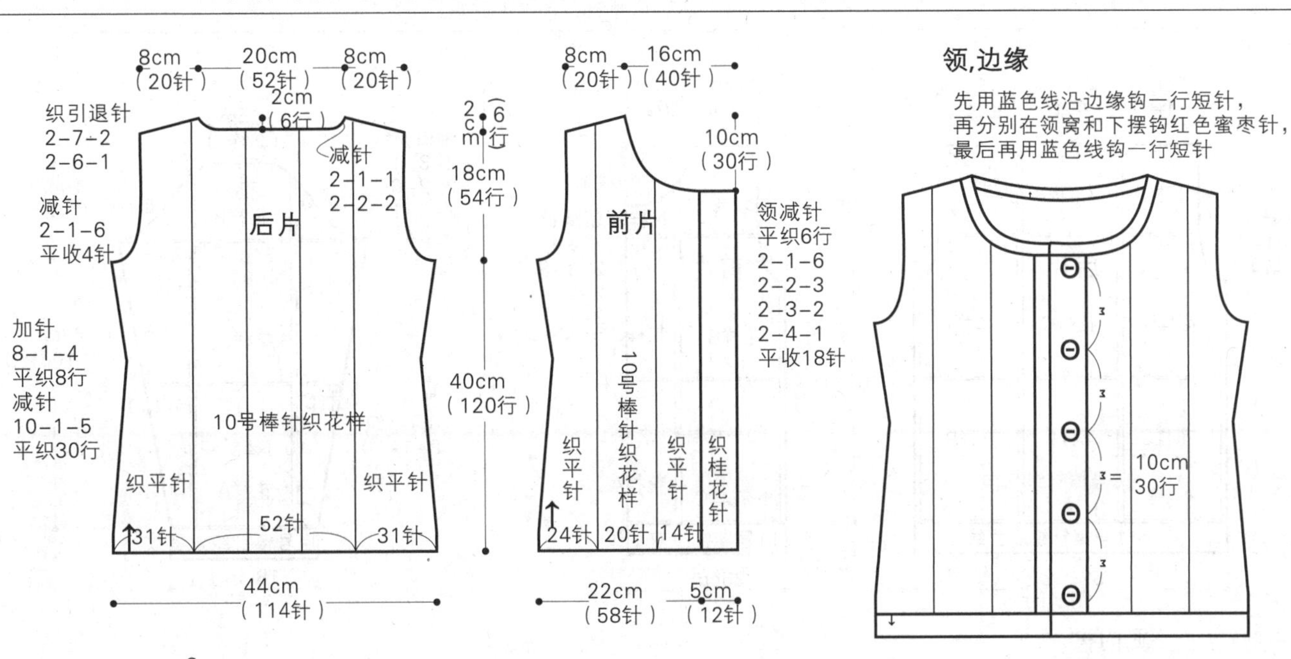

先用蓝色线沿边缘钩一行短针，再分别在领窝和下摆钩红色蜜枣针，最后再用蓝色线钩一行短针

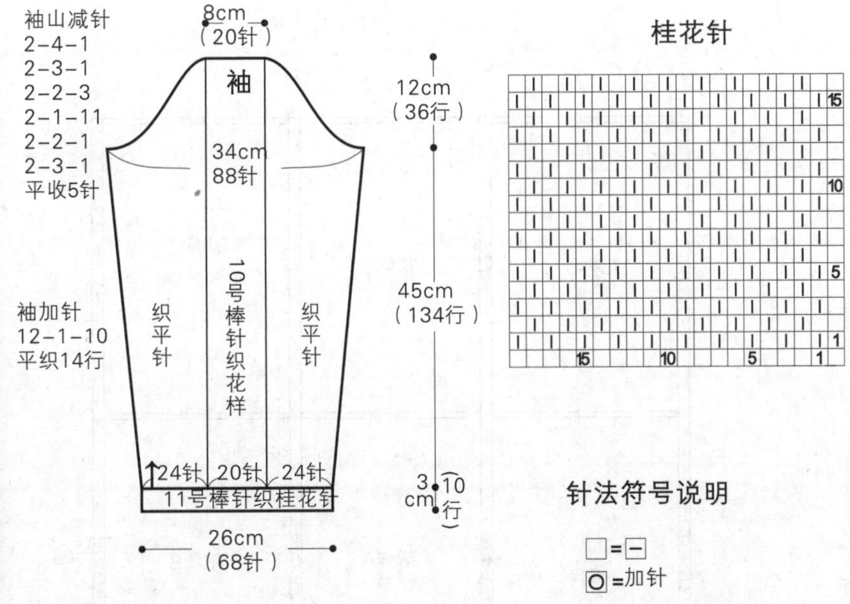

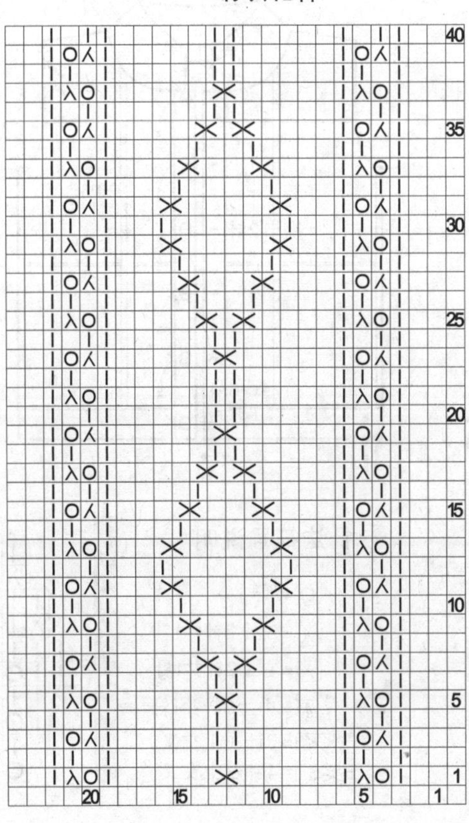

边缘花样

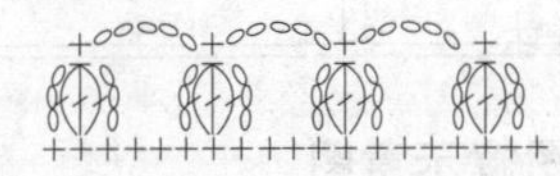

针法符号说明

□=⊟

○=加针

⋌=左上2针并1针

⋋=右上2针并1针

⋈=2针左上交叉

⬭=辫子

×=短针

Ŧ=长针

白色流苏装

【成品规格】 衣长50cm，胸围104cm，袖长52cm

【工　　具】 10号、11号棒针

【编织密度】 20针×28行=10cm²

【材　　料】 白色毛线500g，纽扣6枚

编织要点：

1.后片：用11号棒针起104针织双罗纹4cm，换10号棒针排花样织，单元花的编织密度各有不同，因此针数也有所变化，在每个花样开始的时候调整；织28cm开挂肩，腋下平收4针，再依次减针，肩平收，后领窝留2cm；挂肩高为18cm。

2.前片：开衫，用11号棒针起52针织双罗纹4cm，换10号棒针织花样，两片的花样与后片布局一致；织法同后片；前片领窝留8cm，中心平收6针，再依次减针，肩平收。

3.袖：从下往上织；用11号棒针起44针织双罗纹4cm，换10号棒针织花样，花样布局同后片；袖筒织38cm，两侧按图示加针，袖山腋下平收4针，再依次减针，最后24针平收。

4.领、门襟：缝合各部分，先挑织门襟，再挑针织领。

5.下摆打上流苏，缝合纽扣，完成。

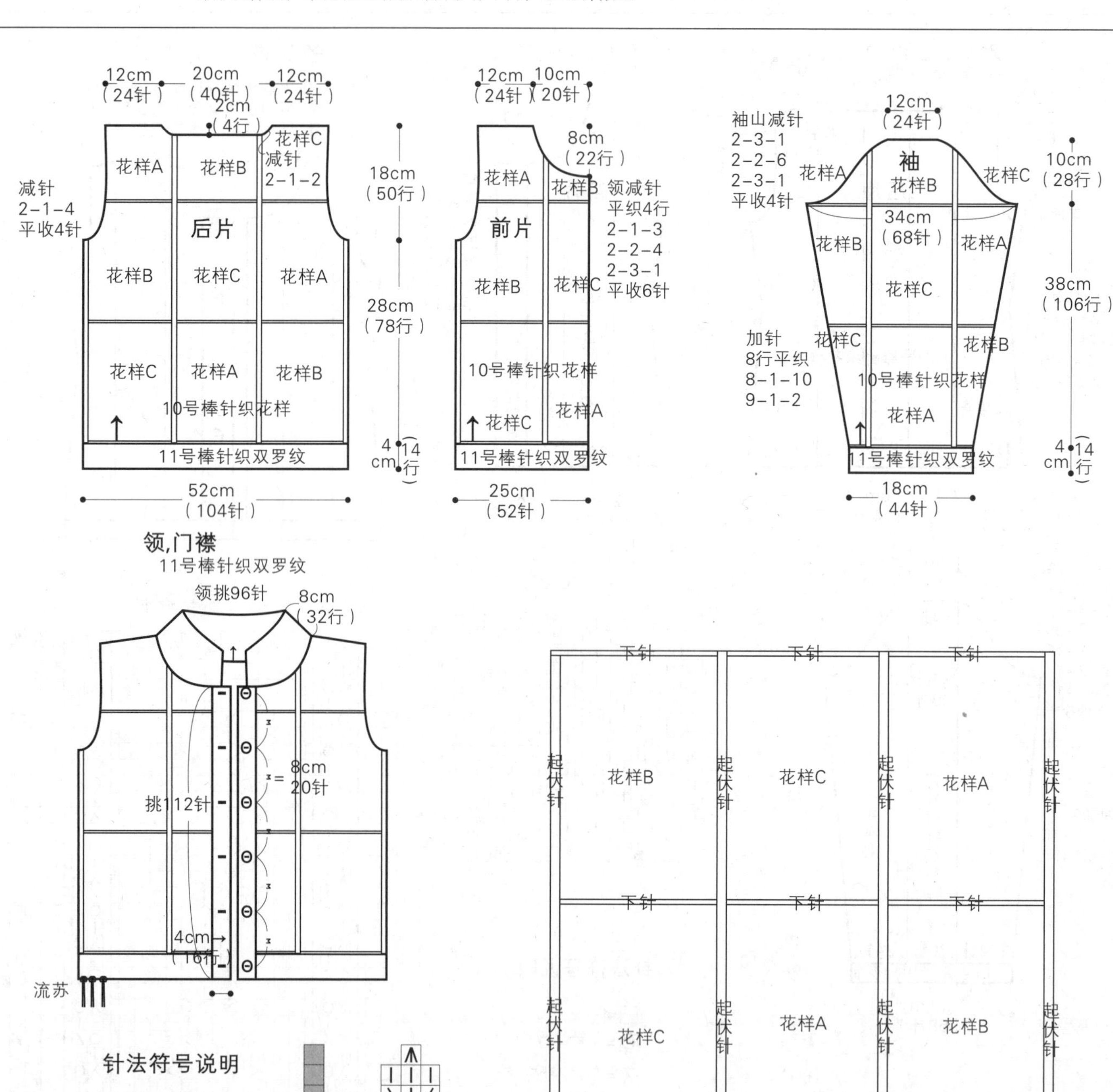

花样图解示意图

针法符号说明

- O =加针
- 左上2针并1针
- 右上2针并1针
- 中上3针并1针
- 3针左上交叉
- 4针左上交叉

编织花样

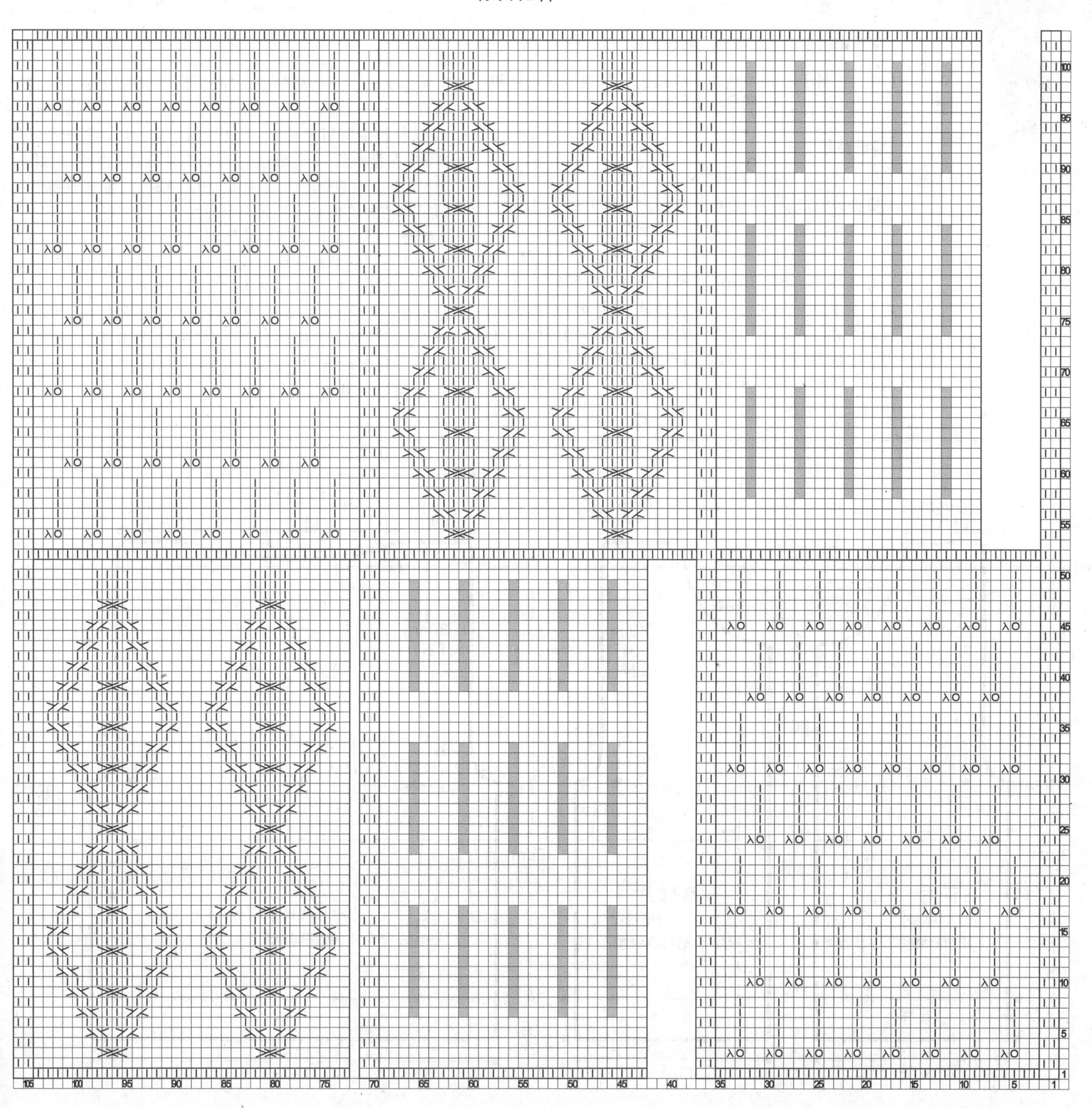

□=－

复古图案毛衣

【成品规格】 衣长68cm，胸宽45cm，肩宽35cm，袖长54cm

【工　　具】 12号棒针

【编织密度】 27针×24行=10cm²

【材　　料】 灰色羊毛线600g，棕色、浅黄色和橘色线各80g，纽扣7枚

编织要点:

1.棒针编织法。由左右前片与后片和两个袖片组成。

2.前后片织法：前片以右前片为例说明。（1)右前片的编织，下针起针法，起58针，起织花样A，织12行，下一行依照花样B配色编织，不加减针，织57行，下一行改用灰色线编织花样C，不加减针，织16行至袖窿，袖窿起减针，左侧平收4针，然后2-1-2，减针4行，再织6行花样C结束，下一行起用灰色线排花样F编织，不加减针，织40行后，下一行减前衣领边，从右往左，先平收9针，然后2-1-16，至肩部，余下27针，收针断线。用相同的方法，相反的减针方法编织左前片。再在花样B面上，绣花样D图案。（2）后片起115针，袖窿以下的织法与前片相同。袖窿两侧减针与前片相同，减针后再织6行结束花样C编织。下一行依照花样G排花型编织。不加减针，织66行后，下一行中间43针平收，两边减针，2-1-3，至肩部余下27针，收针断线。在花样B表面上，绣上花样E图案。

3.袖片织法：下针起针法，起60针，起织花样A，织12行的高度。下一行起，参照花样B配色编织，并在两边加针，4-1-26，再织19行至袖山，花样B织成57行后，下一行依照花样G排花型编织。以花b为中心，依次往两边相隔排列花a和花b编织。织成66行后，针数加成112针，全部收针断线。用相同的方法再去编织另一个袖片。

4.缝合：用缝衣针把前后片肩部和侧缝对应缝合好。将两个袖山边线与衣身的袖窿边线对应缝合，再将袖侧缝缝合。

5.领片织法：先编织衣襟边，分别沿着衣襟边，挑出96针，起织花样H，织10行后收针断线。右衣襟制作六个扣眼，每两个扣眼之间，相隔22针，织空针和并针形成。前衣领窝挑44针，后衣领挑52针，共140针，起织花样J，不加减针，织8行后收针断线。衣服完成。

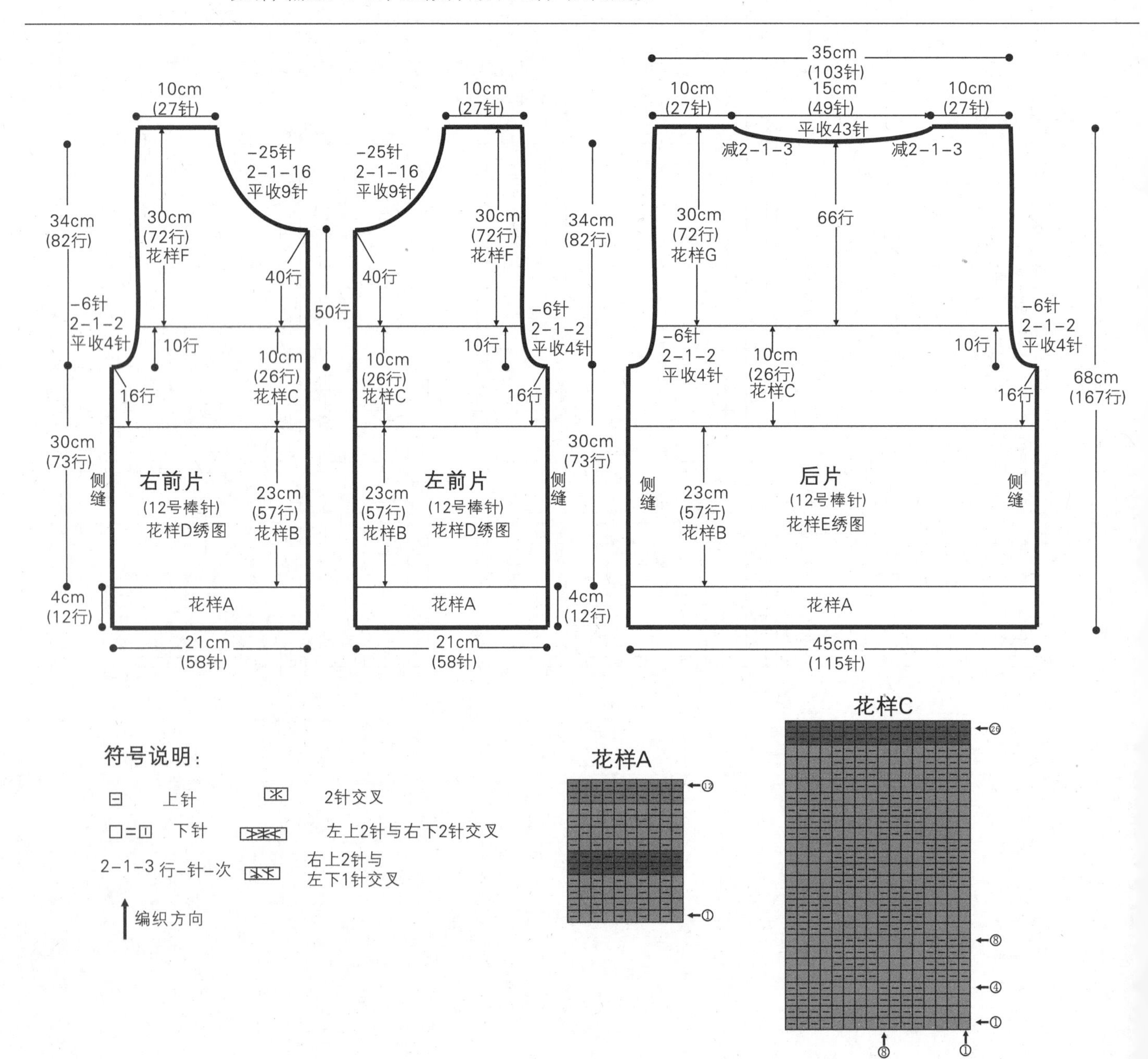

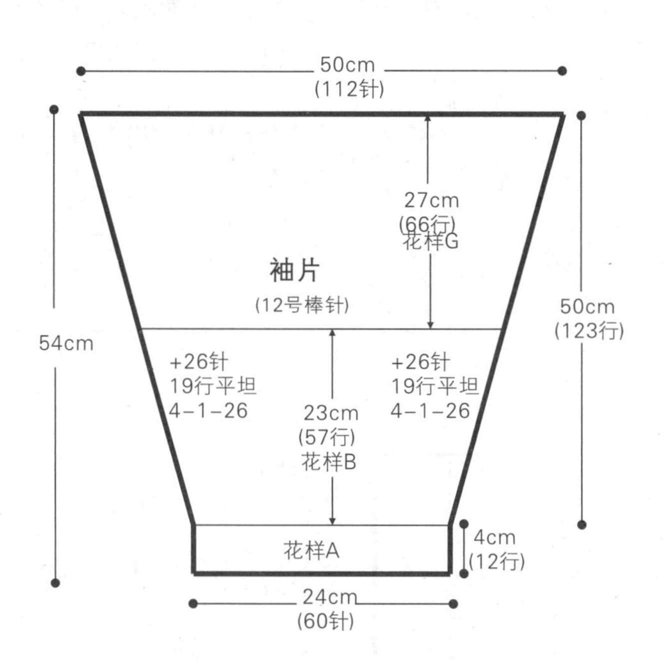
50cm
(112针)
27cm
(66行)
花样G
袖片
(12号棒针)
54cm
50cm
(123行)
+26针
19行平坦
4-1-26
+26针
19行平坦
4-1-26
23cm
(57行)
花样B
花样A
4cm
(12行)
24cm
(60针)

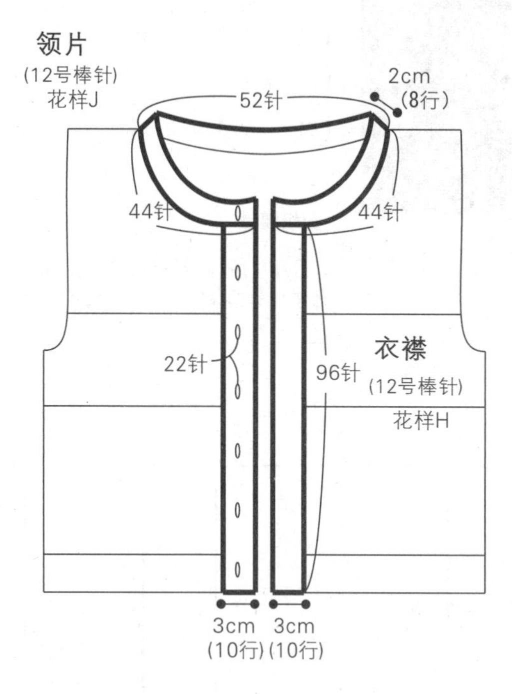
领片
(12号棒针)
花样J
52针
2cm
(8行)
44针
44针
22针
96针
衣襟
(12号棒针)
花样H
3cm
(10行)
3cm
(10行)

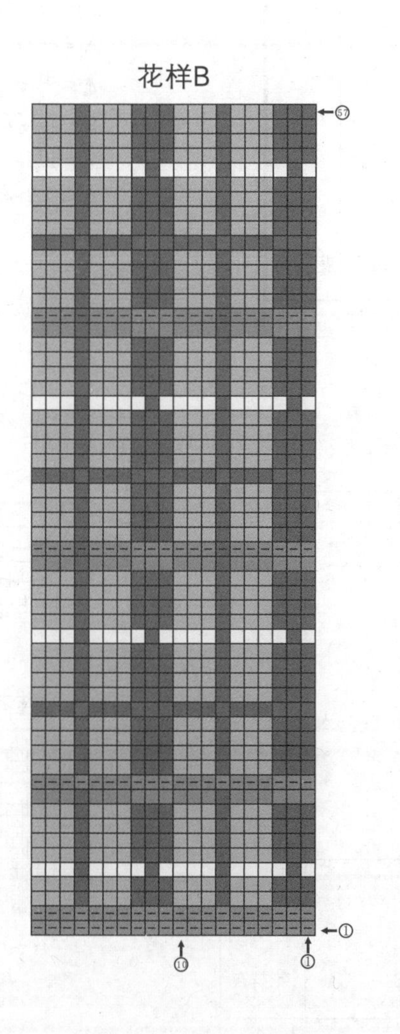
花样B

花样D

深色圆领装

【成品规格】 衣长75cm，胸围108cm，袖长54cm

【工　　具】 9号、11号棒针

【编织密度】 20针×24行=10cm²

【材　　料】 藏蓝色毛线650g，其他色线少许

编织要点:

1.后片：用11号棒针起105针织边缘花样6cm，换9号棒针织组合花样，花样的排列同图解的下半部分；平织69cm，平收。

2.前片：用11号棒针起105针织边缘花样6cm，换9号棒针织组合花样，花样的排列同图解，前片领窝留8cm，中间平收13针，两侧依次减针至完成；中心花样样区另绣上图案。

3.袖：从下往上织平袖；用11号棒针织边缘花样6cm，换9号针织组合花样，中心织花样A，两侧织桂花针，并在两侧依次加针织49cm，平收。

4.领：用11号棒针沿领窝挑95针织边缘花样14行，再织平针6行平收，形成自然翻卷，完成。

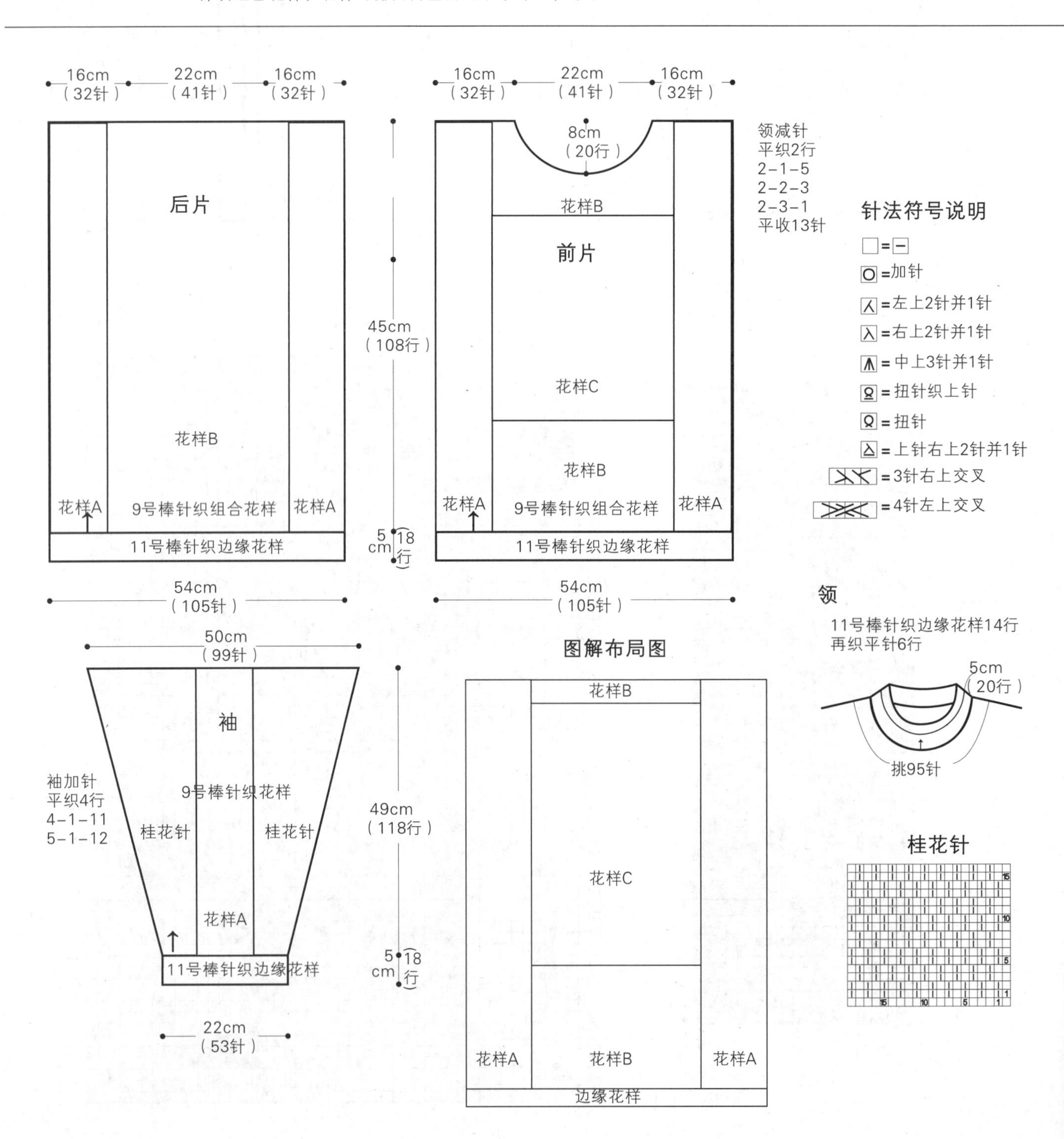

编织花样

个性蝙蝠装

【成品规格】 衣长50cm,衣宽48cm,袖长24.5cm

【工　　具】 12号棒针，缝衣针

【编织密度】 22针×32行=10cm²

【材　　料】 红色中粗腈纶毛线600g

编织要点:

1.棒针编织法。由后片、前片和衣服边片组成。

2.后片编织方法：平针起针法起70针，两边按2-1-17的加法加针，再平织26行后，不加不减织60行，两边开始按4-2-15、平织4行的方法收针，最后平针锁边。

3.前片的编织方法：先织左前片，平针起针法起70针，左右两边分别按2-1-17和2-1-3的方法加针，平织102行左边开始按2-1-28，平织4行的方法收针，同时织到116行时右边按4-2-10的方法收针，详细如图示。最后平针锁边。右前片与左前片同样织法。

4.袖片的编织方法：平针起针法起100针织全下针，两边按平织2行、4-1-15、平织4行的织法收针，最后剩40针，平针锁边。

5.用缝衣针把前后片、袖片缝在一起。

6.衣服边的编织方法：单罗纹起针法起16针，织花样A，织到合适的长度（如图：围着衣服一周的长度），先不要锁针，先用缝衣针按图示沿衣服边缘缝合起来，接头处用无缝缝合方法缝合。

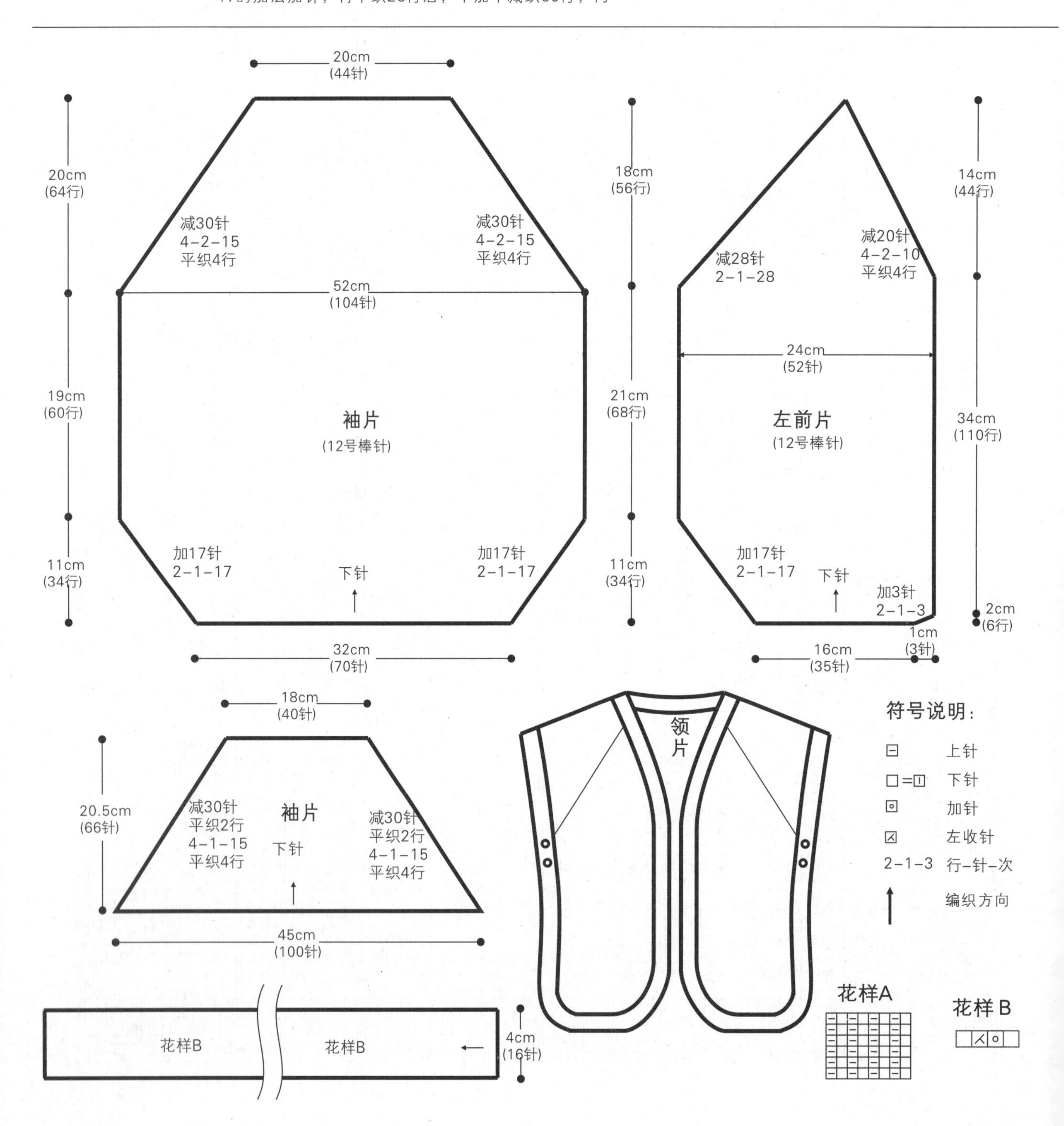

甜美格子衫

【成品规格】 衣长56cm，胸围104cm，袖长52cm

【工　　具】 9号、11号棒针

【编织密度】 20针×30行=10cm²

【材　　料】 浅绿色毛线400g，白色和深绿色毛线各100g

编织要点:

1.后片：用11号棒针起108针织单罗纹6cm，换9号棒针织间色花样，平织31cm开挂肩，腋下平收4针，再分别按图示减针，肩平收，后领窝2cm深。

2.前片：织法同后片，前领窝开8cm，中间平收14针，两侧按图示分别减针，至完成。

3.袖：从下往上织；用11号针起40针织单罗纹6cm，换9号棒针织间色花样，袖筒两侧均匀加针，织36cm至袖山，腋下平收4针，再分别按图示减针，最后20针平收。

4.领：沿领口挑98针织单罗纹20行平收；完成。

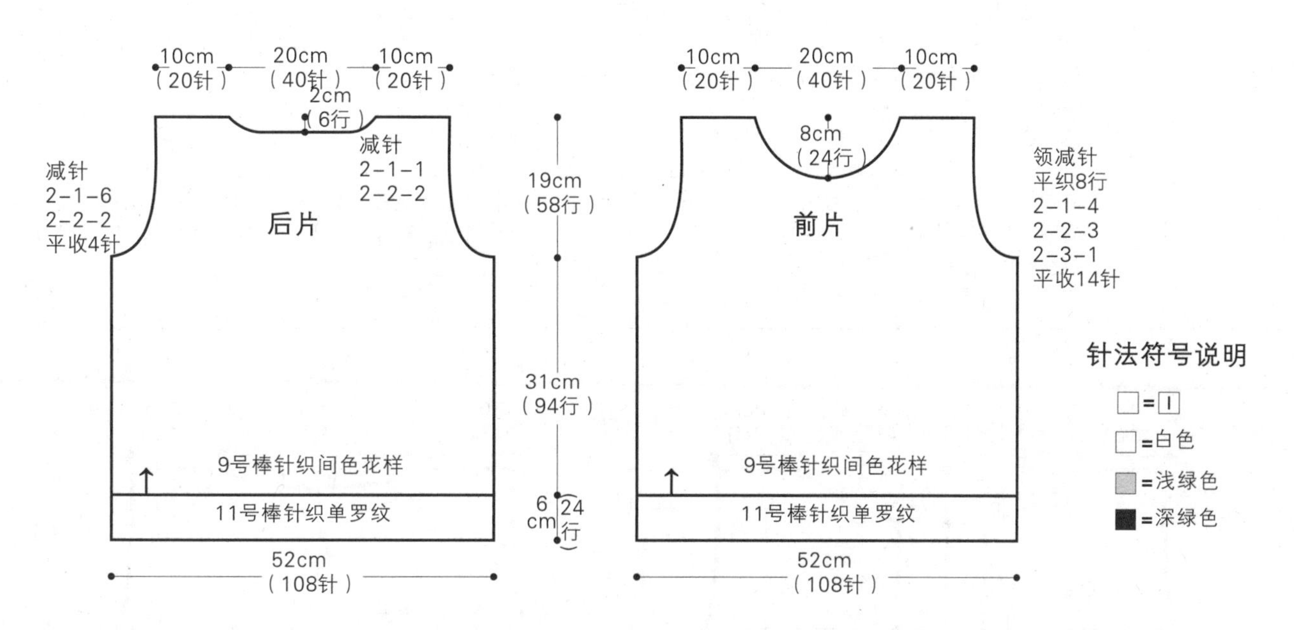

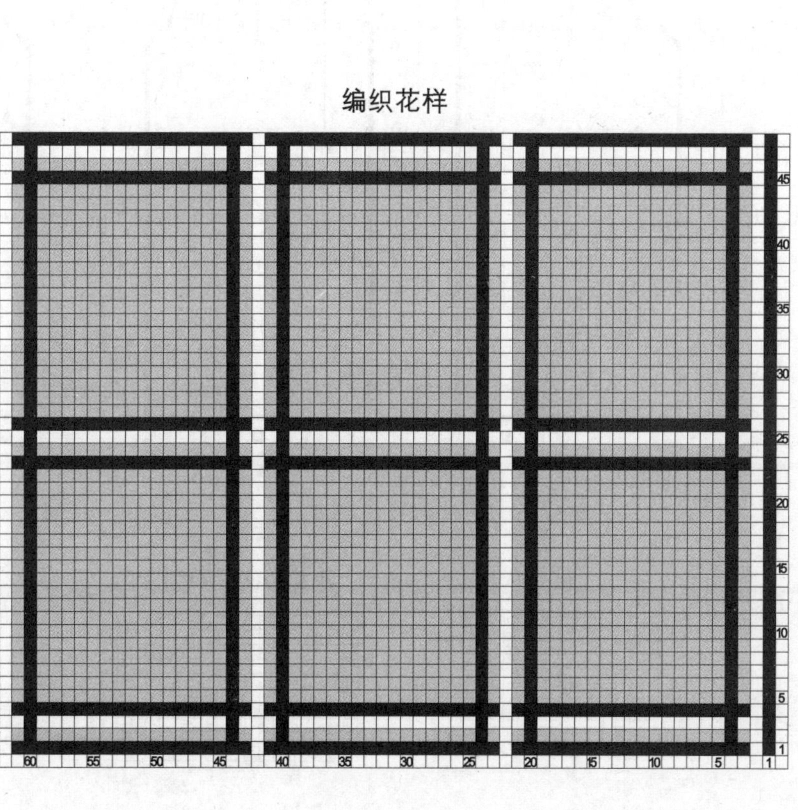

驯鹿拉链装

【成品规格】 衣长58cm，胸宽47cm，肩宽42cm，袖长59cm

【工　　具】 8号、10号棒针

【编织密度】 16针×23行=10cm²

【材　　料】 白色羊绒线50g，深棕色线100g，红色线400g，拉链1根

编织要点:

1.棒针编织法。前片由左前片和右前片组成，后片一片和袖片两片。

2.左前片与右前片的编织。以右前片为例。(1)起针，双罗纹起针法，用深棕色线，起36针，起织花样A，织20行的高度。(2)下一行起改用红色线，全织下针，织8行后分配配色图案编织。右前片参照花样B中的花A图案编织，左前片参照花样B中的花B图案编织。依照图解织57行后，至袖窿。(3)下一行袖窿减针，左侧减针，4-2-5，当织成袖窿算起21行的高度后，结束图案编织。下一行起全用红色线编织。再织16行后开始减前衣领，从右至左，平收3针，然后2-2-5，减少13针，再织4行至肩部，余下13针，收针断线。左前片的织法与右前片相同，减针方向相反。

3.后片的编织。双罗纹起针法，用深棕色线，起70针，起织花样A双罗纹针，不加减针，织20行的高度，下一行起全织下针，并改用红色线织8行下针，然后参照花样B中的图案a编织9行，然后改用红色线再织48行至袖窿，下一行袖窿减针，两边4-2-5，当织成袖窿算起12行的高度时，下一行编织9行花样B中的图案b，然后用红色线再织26行至下一行织后衣领边，中间平收20针，两边2-1-2，至肩部余下13针，收针断线。最后将前后片的肩部和侧缝对应缝合。

4.袖片的编织。从袖口起织，双罗纹起针法，用深棕色线，起45针，织20行后，下一行起用红色线全织下针，并在袖侧缝上加针，各加12针，6-1-12，再织4行至袖山减针，袖身第21行起用红色线织12行下针后，改织花样C19行，而后全用红色线编织。袖山起减针织12行后，编织9行图案b，而后全用红色线编织。袖山减针，两边平收4针，然后4-2-6，2-1-2，1-2-4，，织成32行高，余下25针，收针断线。用相同的方法去编织另一个袖片。然后将袖山边线与衣身的袖窿边线对应缝合。

5.衣襟的编织。用深棕色线，沿着衣襟边，挑出96针，起织花样D单罗纹针，不加减针，织8行的高度后收针断线。衣领的编织。用深棕色线，沿着前后衣领边和衣襟上侧边，挑出96针，起织花样A双罗纹针，不加减针，织40行的高度后，收针断线。最后在衣襟的内侧缝上拉链一根。衣服完成。

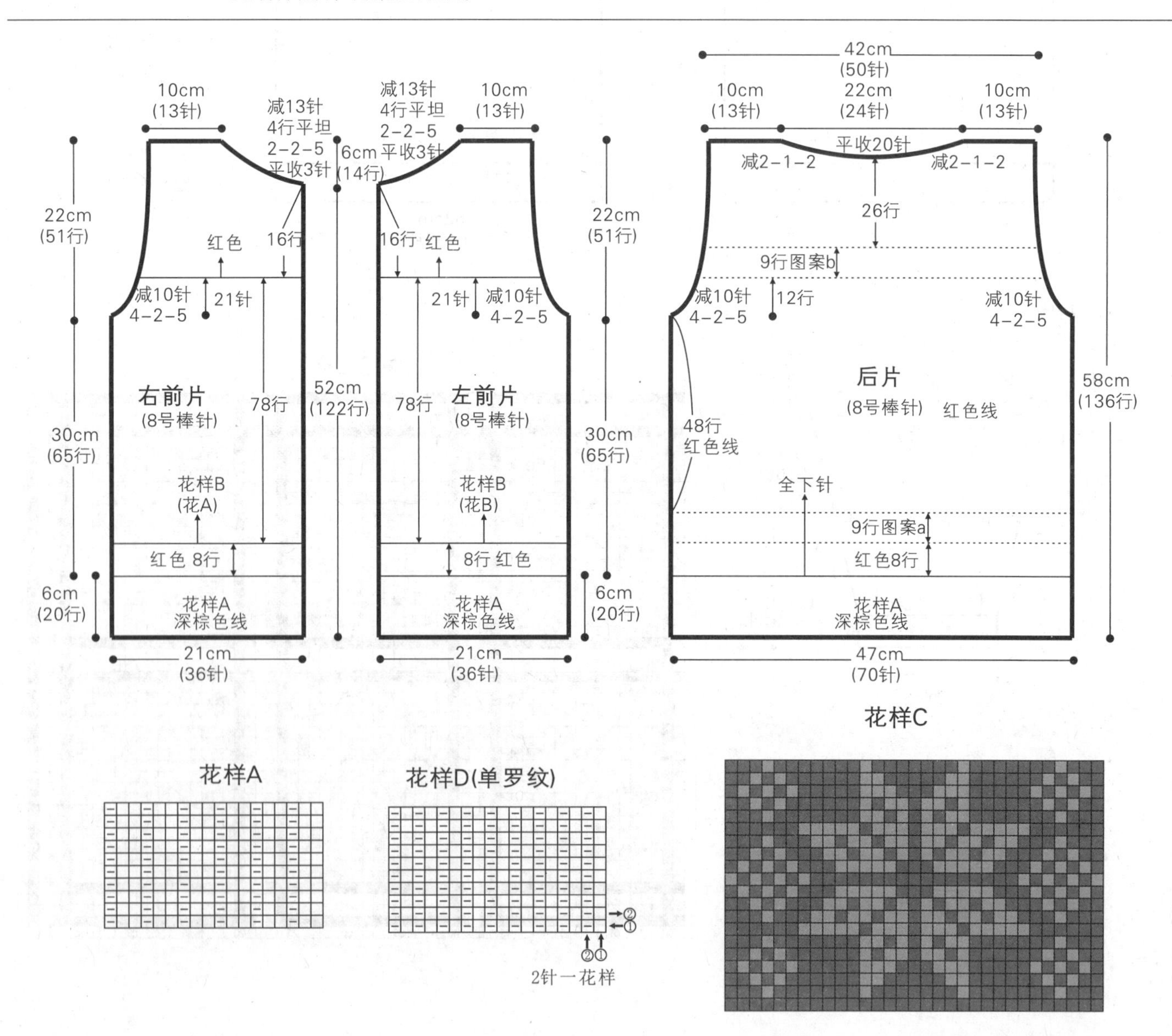

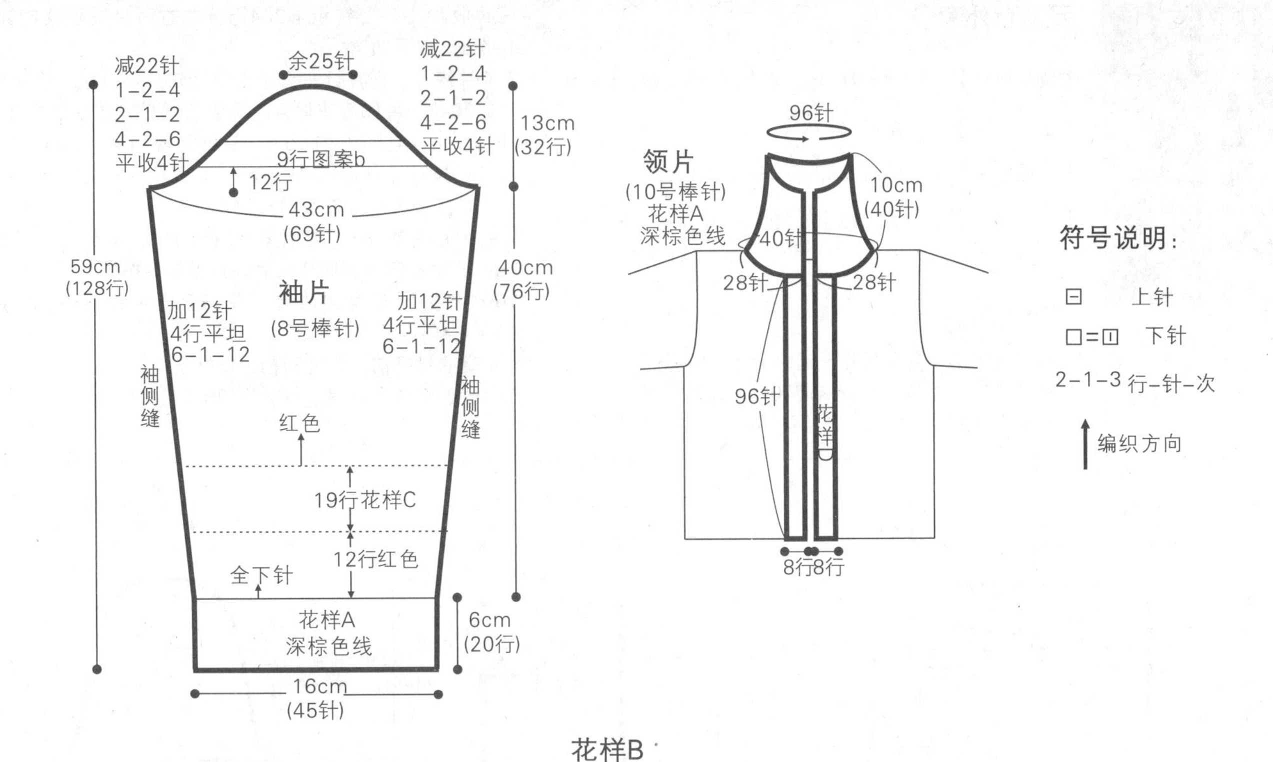
减22针
1-2-4
2-1-2
4-2-6
平收4针
余25针
减22针
1-2-4
2-1-2
4-2-6
平收4针
13cm
(32行)
9行图案b
12行
43cm
(69针)
59cm
(128行)
袖片
(8号棒针)
加12针
4行平坦
6-1-12
加12针
4行平坦
6-1-12
40cm
(76行)
袖侧缝
袖侧缝
红色
19行花样C
12行红色
全下针
花样A
深棕色线
6cm
(20行)
16cm
(45针)
96针
领片
(10号棒针)
花样A
深棕色线
10cm
(40针)
40针
28针
28针
96针
花样
8行8行
符号说明：
上针
□=⊡ 下针
2-1-3 行-针-次
编织方向

花样B

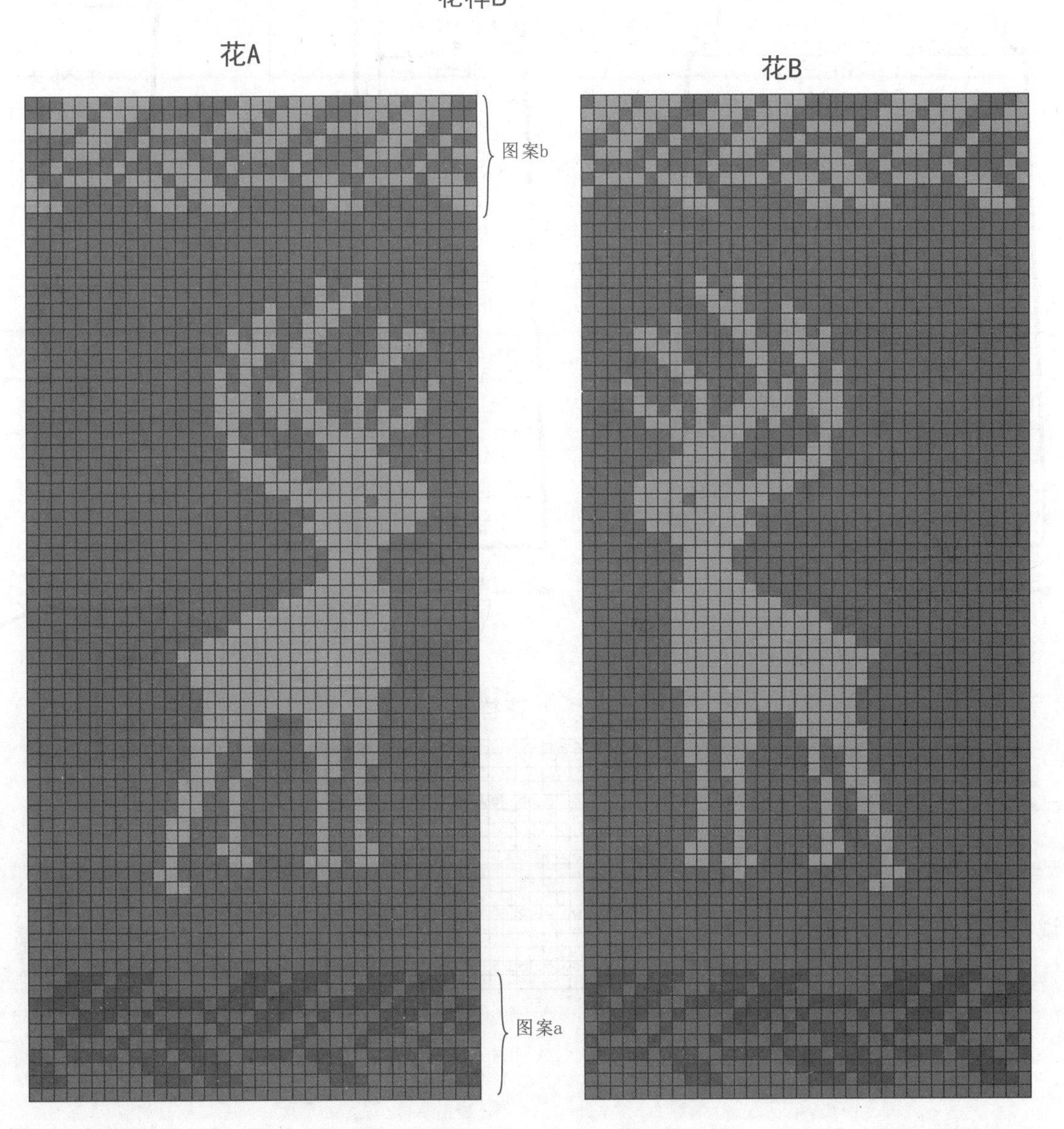
花A
花B
图案b
图案a

藏蓝色外套

【成品规格】 衣长70cm，衣宽36cm，袖长54cm

【工　　具】 8号棒针

【编织密度】 17针×32行=10cm²

【材　　料】 藏蓝色中粗腈纶毛线600g，纽扣7枚

编织要点:

1.棒针编织法。前、后片一起由下往上织。

2.后片织法：单罗纹起针法起70针，织10行花样A，后织上针，上针织够148行开始按平收4针、2-1-5方法在两边收袖窝，上针织够204行分左右两片按平收12针、2-1-4方法收后领窝。

3.前片织法：前片分左右两片织，先织右前片，单罗纹起针法起30针，织10行花样A，后织花样B，花样B织够148行开始按平收4针、2-1-5方法在两边收袖窝，花样B织184行后开始按2-1-11方法收领窝。然后沿门襟挑172针织8行花样C。用同样的方法织另一前片。

3.袖片的织法：平针起针法起8针，织花样B，同时按2-1-26方法收袖窿，花样B织够54行后开始按4-1-4，6-1-4，10-1-5方法在两边收针，花样B一共织202行，最后织10行花样A。

4.用缝衣针把前、后片和袖片缝好。

5.领片的织法：沿领边挑80针织8行花样C。

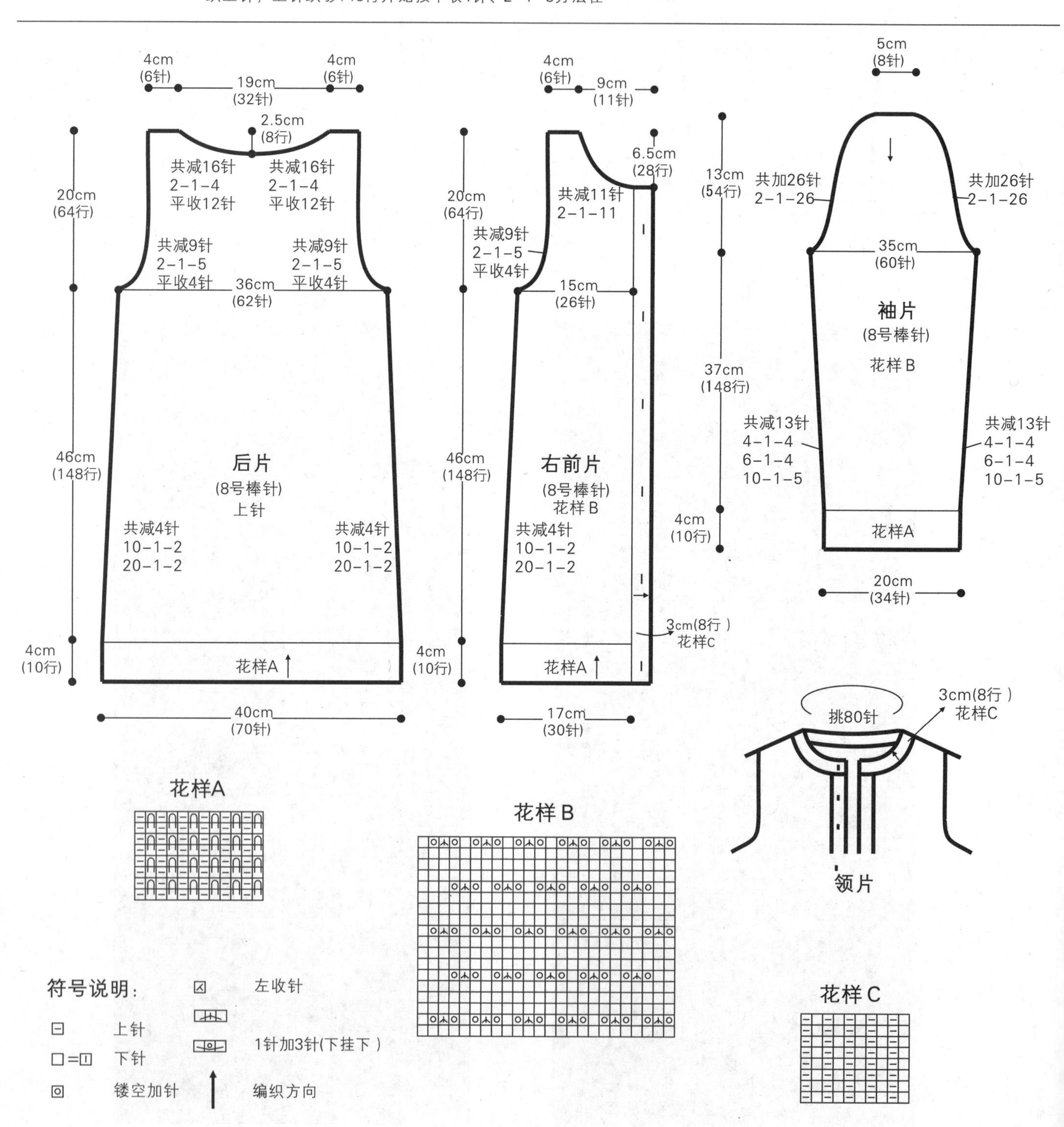

小清新短款外套

【成品规格】	衣长47cm，胸宽50cm，肩宽16cm，袖50cm
【工　　具】	10号棒针
【编织密度】	28针×39行=10cm²
【材　　料】	米白色丝光棉线400g，黑线若干，纽扣4枚

编织要点:

1.棒针编织法，由前片2片、后片1片、袖片2片组成。从下往上织起。

2.前片的编织。由右前片和左前片组成，以右前片为例。（1)起针，平针起针法，起78针，编织花样A，编织20行，下一行起编织花样B，不加减针编织80行至袖窿。开始编织花样D，袖窿左侧起减针，先平收6针，2-1-4，同时右侧进行衣领减针，2-1-8，4-1-18，织成88行，刚好至肩部，余下42针，收针断线。(2)用相同的方法，相反的方向去编织左前片。

3.后片的编织。平针起针法，起176针，编织花样A，不加减针，织20行的高度。下一行起编织花样B，不加减针织80行至袖窿，开始编织花样D，袖窿两侧起减针，先平收6针，2-1-4，当织成袖窿算起84行时，下一行中间平收68针，两边相反方向减针，减4针，2-1-2，两肩部各余下42针，收针断线。

4.袖片的编织。袖片从袖口起织，平针起针法，起80针，编织花样A，不加减针，往上织20行的高度，下一行编织花样C，两边侧缝加针，16-1-8，6行平坦，织34行时开始编织花样D，编织100行至袖窿。并进行袖山减针，两边各平收针6针，然后1-1-32，织成32行，余下20针，收针断线。用相同的方法去编织另一袖片。

5.拼接，将前片的侧缝与后片的侧缝对应缝合，将前后片的肩部对应缝合;再将两袖片的袖山边线与衣身的袖窿边对应缝合。

6.门襟的编织。沿着左右前片的衣边分别挑出50针，斜肩边挑出70针，后片衣领边挑出56针，共挑出296针，编织6行下针，然后再编织20行花样A，在左侧门襟留出4个扣眼，在右侧门襟相应位置钉上纽扣，衣服完成。

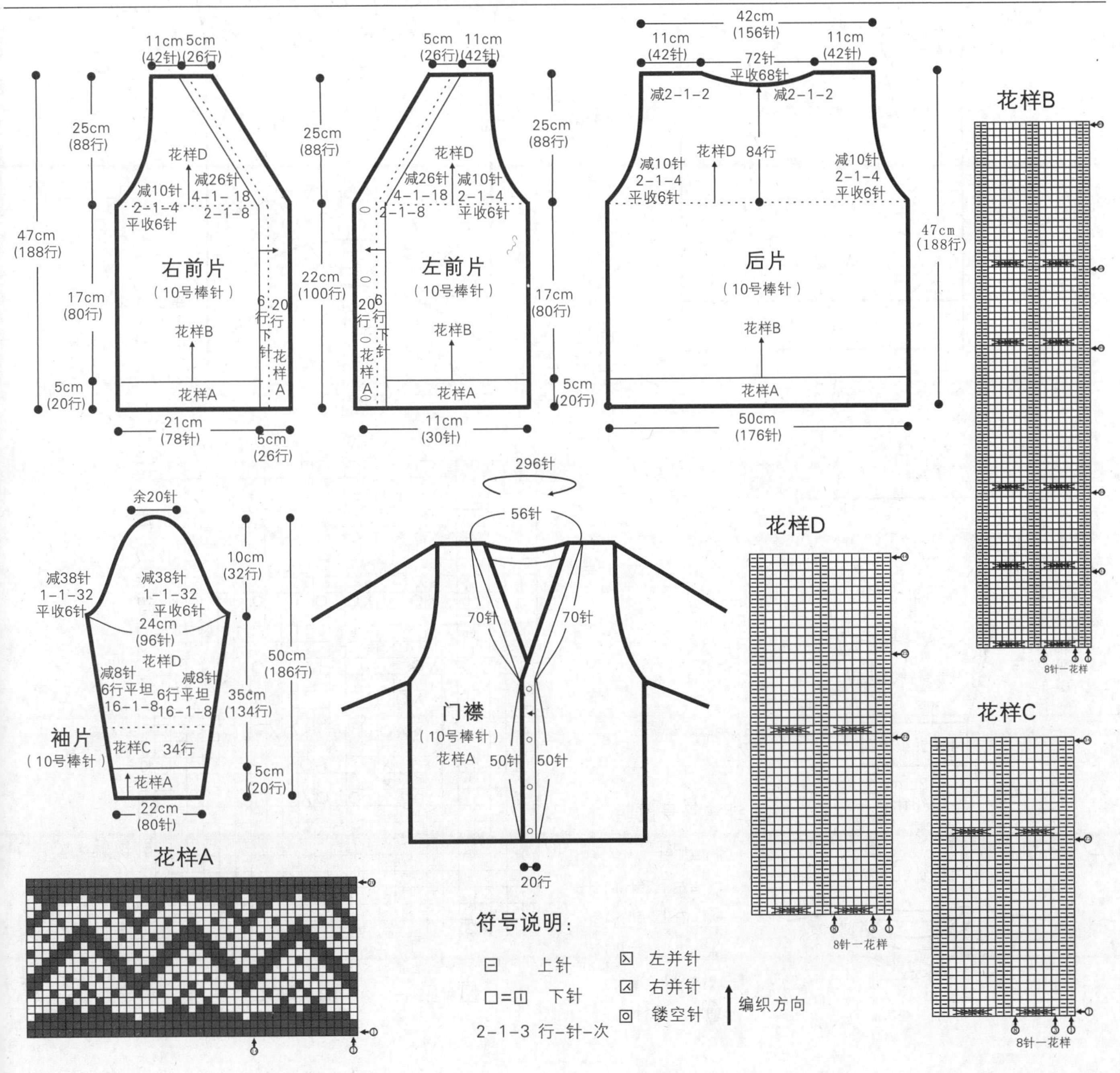

心形图案毛衣

【成品规格】 衣长73cm，胸围96cm，袖长46cm

【工　　具】 9号、11号棒针，钩针

【编织密度】 19针×24行=10cm²

【材　　料】 米色毛线500g

编织要点:

1.后片：用11号棒针起92针织单罗纹8cm，换9号棒针织，织4行平针后布入花样织，织43cm开挂肩，分别在两侧加针，织20cm；肩用引退针法织斜肩，后领窝平收。

2.前片：用11号棒针起92针织单罗纹8cm，换9号棒针织花样。先用引退针法织出弧形，最后12针同时穿起织；平织4行开始布花样，织法同后片；领窝深8cm，中心平收12针，两侧按图示减针至完成。

3.袖：织平袖，从下往上织；用11号棒针起48针织单罗纹6cm后换9号棒针织，先织4行平针，然后开始布心形花样，两侧分别按图示加针，织40cm平收。

4.领：用11号棒针沿领窝挑112针先织1行上针，再织10行单罗纹平收；心形图案的球球可以用钩针钩，也可以同时织上；完成。

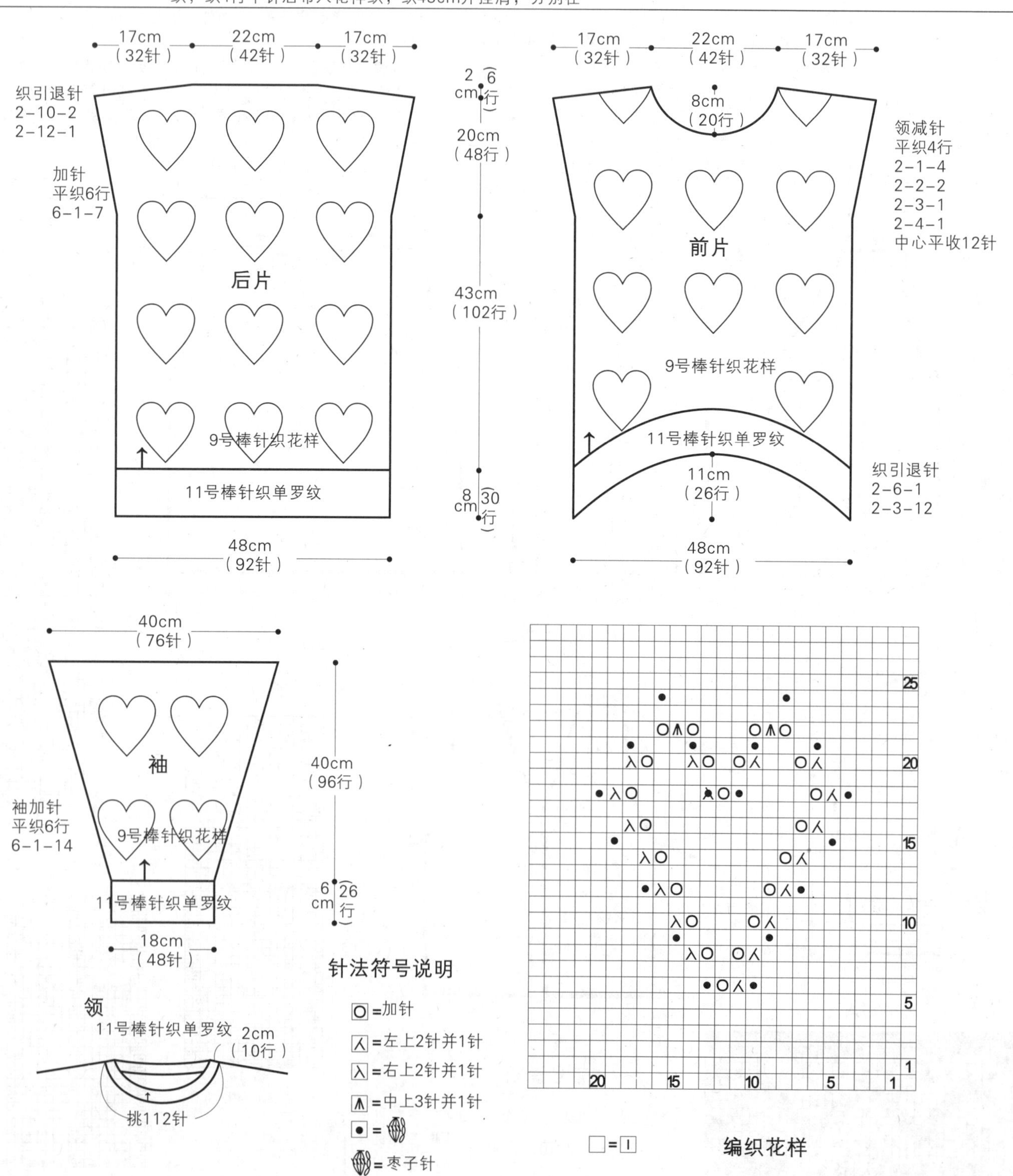

高领长袖装

【成品规格】 衣长70cm，胸宽45cm，肩宽42cm，袖长51cm

【工　具】 10号棒针

【编织密度】 26针×34行=10cm²

【材　料】 枣红色羊毛线650g

编织要点:

1.棒针编织法。袖窿以下一片织成，袖窿以上分成前片与后片各自编织。袖片两个，领片1个。

2.袖窿以下的编织。起240针，排两个花样A，不加减针，织160行的高度至袖窿。袖窿起分出前片与后片，各120针，以1个花样A为一面。前片的编织。两侧袖窿减针，各平收8针，2-1-6，当织成袖窿算起40行的高度时，下一行织前衣领，中间平收16针，两侧减针，2-2-2，2-1-10，不加减针，再织6行至肩部，余下24针，收针断线。后片袖窿减针与前片相同，当织成袖窿算起72行时，下一行织后衣领，中间平收32针，两侧减针，2-2-2，2-1-2，至肩部余下24针，收针断线，将前后片的肩部对应缝合。

3.袖片单独织成。单罗纹起针法，起56针，起织花样B，不加减针，织12行，下一行起织花样A，并在两侧袖侧缝上加针，8-1-16，不加减针，再织12行至袖山，下一行两侧平收8针，2-1-14，织成28行后余下44针，收针断线。用相同的方法去织另一个袖片。将两个袖片的袖山边线与衣身的袖窿边线缝合，再将袖侧缝缝合。

4.领片的编织。本款衣服有两个衣领，先沿着前后衣领边，前衣领挑88针，后衣领挑44针，起织花样B单罗纹针，不加减针，织6行的高度后，收针断线。另一个衣领单独编织。下针起针法，起66针，起织花样C，不加减针，织136行的高度后，将首尾两行缝合成圈，将一侧边与衣身的衣领内侧起针处挑针缝合。衣服完成。

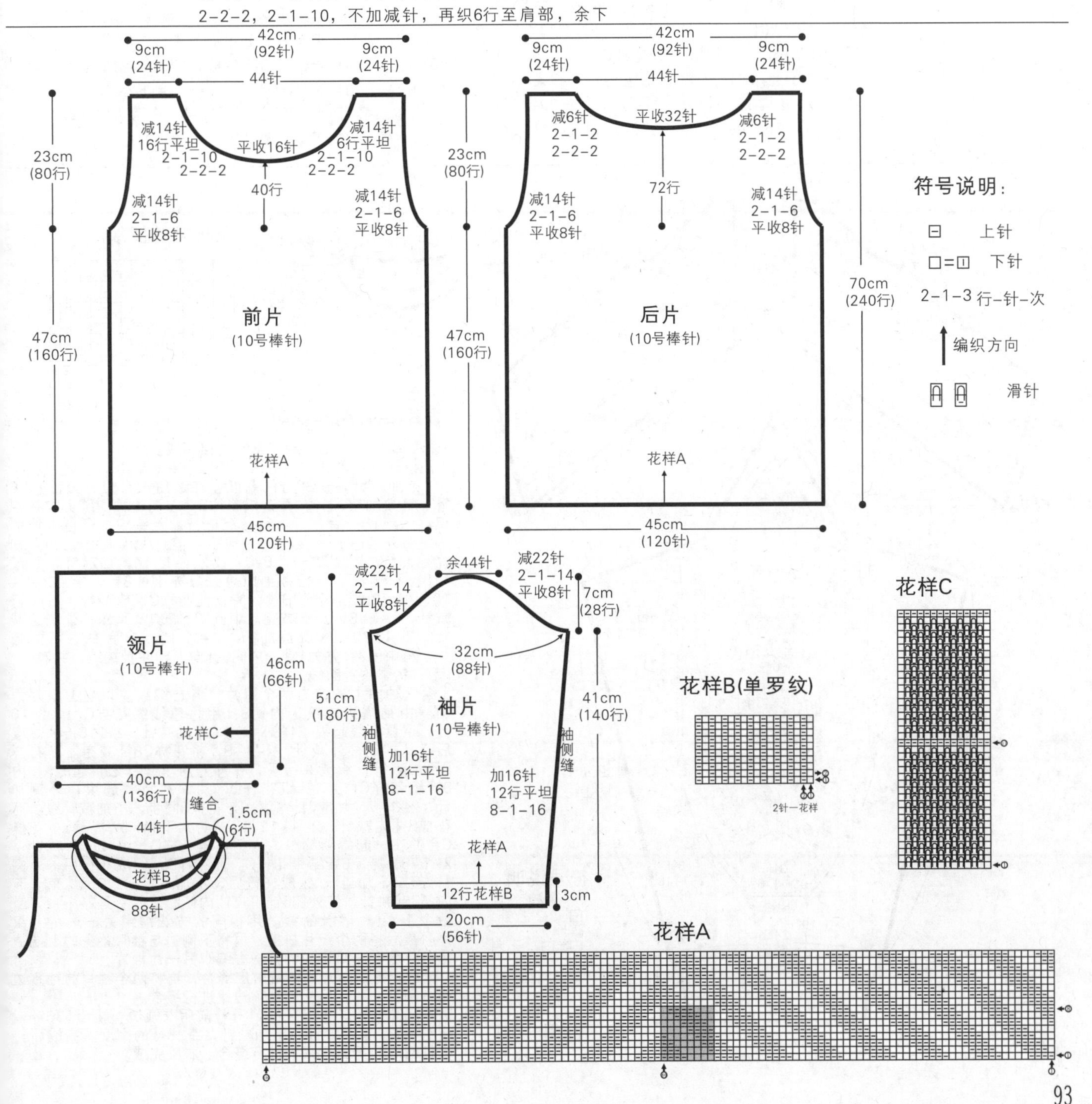

配色长袖装

【成品规格】	衣长57cm，胸宽53cm，肩宽40cm，袖长70cm
【工　　具】	10号棒针
【编织密度】	26.4针×31行=10cm²
【材　　料】	蓝色羊毛线250g，棕色线150g，深灰色线80g，白色线50g，浅灰色线30g

编织要点:

1.棒针编织法。由前片、后片、两个袖片各自编织而成。

2.前片的编织。下摆起织，用蓝色线，单罗纹起针法，起114针，起织花样A，不加减针，织30行的高度。在最后一行里，分散加26针，将针数加成140针，排花样B编织，不加减针，织10行后，下一行开始配色编织。从右至左，依次排成32针花样B，蓝色线8针花样C，棕色线；3针花样D，深灰色线起织，8针花样C，棕色线；38针花样B，蓝色线；8针花样C，棕色线；3针花样D，深灰色线；8针花样C，棕色线；32针花样B，蓝色线。其中花样B有三部分，如图所示，第32针上进行减针，2-1-18；中间38针织片两边进行减针，2-1-18；左边的内侧减针，2-1-18，32针减成14针的宽度。38针花样B减成2针，位于中心，往上织扭针。在花样B减针编织的同时，两边的两个配色织块同步进行编织。8针花样C针数不改变，不加减针，织36行与花样B减针行同高。中间这条再织90行至前衣领边；外侧花样C，减针行织成36行后，再织60行，外侧减针，2-1-8。中间花样D由3针起织，两边加针，2-1-6，中间1针始终编织下针。织成12行后，中间1针改用浅灰色线起织花样E中的花A，两边同时加针织成26行高度的织片，加成25针的宽度的三角织片。而两边的花样D，保持针数不改变，与花A同步织高26行。然后再织76行，袖窿边76行后减针，2-1-7；而中间花A织完后，改用白色线，起织花样F，不加减针，织15行后，下一行中间11针改用浅灰色线，织花样G，而两边9针仍织花样F，织成60行后，结束花样G编织，全部改用白色线织花样F，再织15行结束花样F编织。下一行改用浅灰色线织花B，两边减针，2-1-12，余1针，织2行，结束。而中间花样D织成90行，将内侧2针收针，余下5针，继续织花样D，织26行后将5针收针。另一边的织法相同。

3.后片的编织。后片织法和配色排列编织与前片完全相同，不再重复说明，但是后片的中心蓝色线织的2针下针，织成90行后，不将花样C和2针下针收针，而是继续编织花样C，织20行后，由内往外减针，2-1-6，余下2针，收针。另一边织法相同。而中间蓝色线织的2针，在两边加针编织，2-1-10，织成20行高，针数为22针，收针断线。

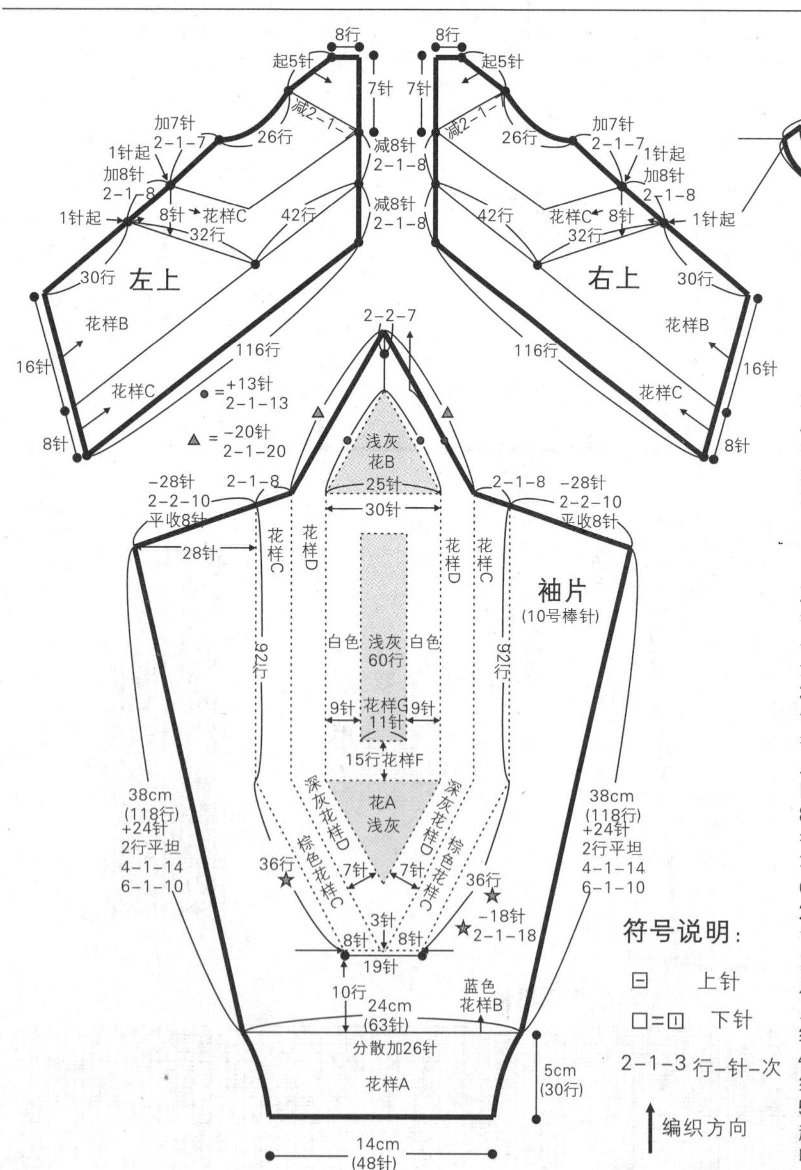

花样A(单罗纹)

领片/袖片制作说明

1.棒针编织法。袖片由三部分拼接而成。

2.袖口起针。单罗纹起针法，用蓝色线，起48针，起织花样A，不加减针，织30行的高度。在最后一行里，分散加26针，针数加成63针，并改织花样B。在两边袖侧缝上加针编织。织成10行后，下一行分配进行配色编织。彩色织块的编织方法与衣身完全相同，请参照前片/后片制作说明。袖片袖侧缝的加针方法为6-1-10，4-1-14，加24针，织成118行高度。下一行减袖山边线。先平收8针，然后2-2-10，织成20行，花样B收针完，而花样C织成92行，下一行减针，2-1-8，针数减完。中间花样D斜身编织，外侧边减针，2-1-20，内侧边加针，2-1-13，然后左右两边合并，将中间3针并为1针，中间1针向上，并针编织，并7次，余下1针，收针断线。

3.编织袖山上的左右两个织片，各自编织。以右上织片为例。由袖窿边起织，内侧8针用棕色线织花样C，外侧16针，用蓝色线起织花样B，花样C不加减针，织116行的高度后，从内侧往外减针，2-1-8，将花样C8针减完。而花样B不加减针，织成30行后，在外侧用单起针法，起9针，内8针织花样C，外1针织花样D，用深灰色线起织，外侧加针，2-1-7，加成7针宽度。与花样C同步，不加减针织。而花样B往内减针，2-1-12，　减完余下1针收针。两条花样C合并在一起继续编织，内侧这条花样C，织42行后减针，2-1-8，减完8针结束花样C。而花样D，织成26行后，外侧1针起织，加5针，织成10行后，不加减针，织8行结束。而内侧7针并针，使外侧5针织片往内倾斜，并针是2-1-7，最后余下7针，收针断线。用相同的方法编织另一边左上织片。最后将两个织片拼接，再将下侧边与袖片袖身的上端边缘进行缝合。用相同的方法去编织另一边袖片。

4.缝合。将前后片的侧缝对应缝合，再将两个袖片的袖窿对应线分别与前片和后片的袖窿边线进行缝合。

5.领片的编织。用蓝色线，沿着前后衣领边，挑出136针，起织花样A单罗纹针，不加减针，织28行的高度。完成后，收针断线，折回衣领内进行缝合。衣服完成。

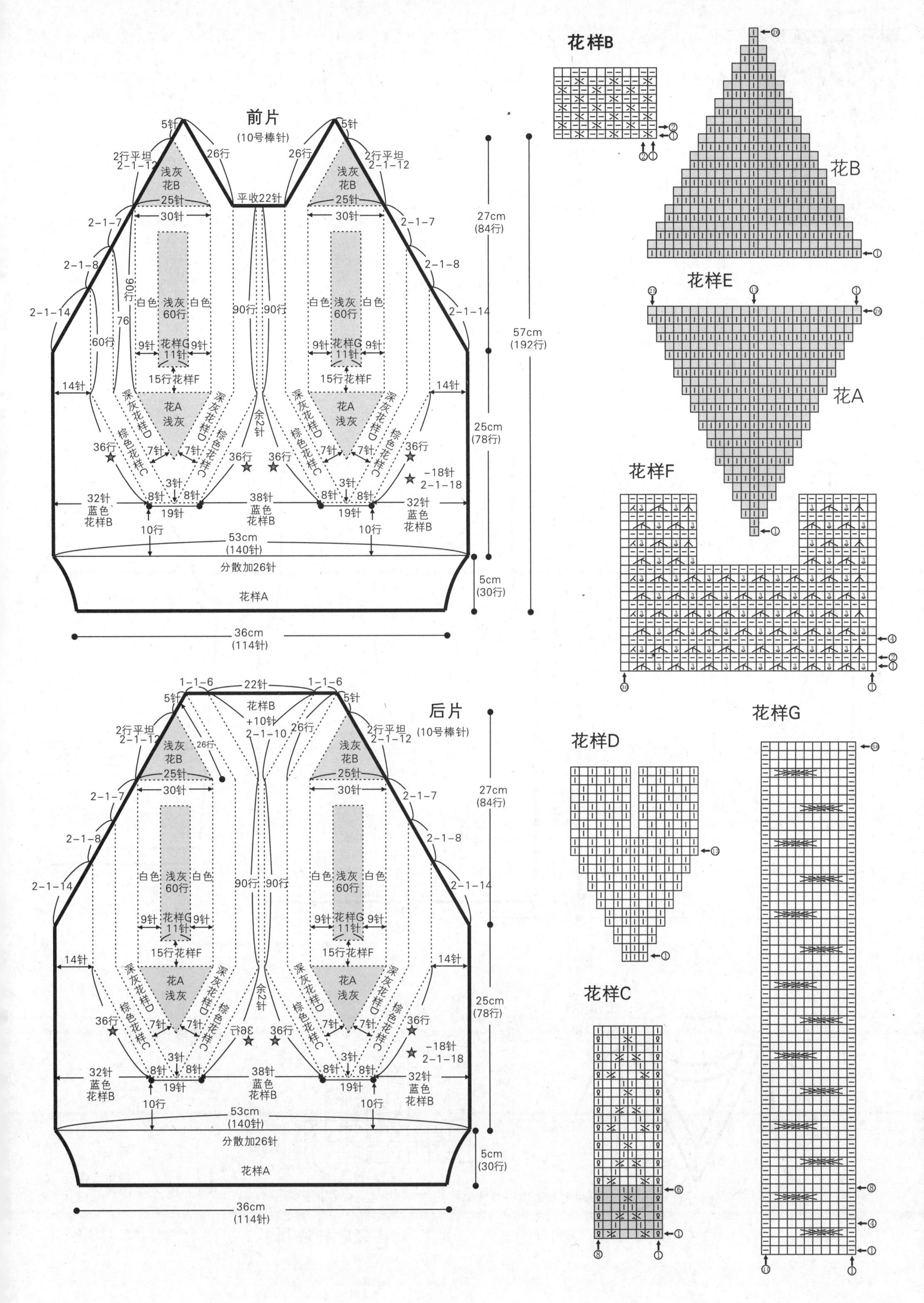
前片
(10号棒针)
5针
26行
2行平坦
2-1-12
浅灰
花B
25针
30针
平收22针
2-1-7
2-1-8
2-1-14
白色
浅灰
60行
90行
76
60行
9针
花样G
11针
15行花样F
14针
花A
浅灰
深灰花样D
棕色花样C
余2针
7针
3针
8针
19针
36行
-18针
2-1-18
32针
蓝色
花样B
38针
10行
53cm
(140针)
分散加26针
花样A
27cm
(84行)
57cm
(192行)
25cm
(78行)
5cm
(30行)
36cm
(114针)
后片
(10号棒针)
1-1-6
22针
+10针
2-1-10
花样B
花B
花样E
花A
花样F
花样D
花样C
花样G

个性深V领装

【成品规格】 衣长68cm，衣宽49cm，袖长50cm

【工　　具】 7号棒针，缝衣针

【编织密度】 16针×20行=10cm²

【材　　料】 棕色粗毛线500g

编织要点:

1.棒针编织法：从下往上圈织。

2.身片的编织：单罗纹起针法，起156针织6行花样A。然后用引退针编织。引退77针，然后织下针79针，织到两边的时候每次挑起引退针中的2针，这样共织40行，后再继续织下针从第84行开始前片留1针中心针，两边开始按2-1-25的方法收鸡心领。到第90行开始分前后片编织，后片分79针，前片分77针。(1)先织后片：两边按平收6针、2-1-3的方法收袖窿窝。下针织到第102行时开始分左右两片。按平收9针、2-1-17的方法收针，用同样的方法再按图示收针织后左片。(2)再织前左片：右边按平收6针、2-1-3的方法收袖窿窝。

3.袖片的编织：平针起针法起13针织全下针，同时按2-1-15、平加6针的方法加针，再按6-1-3、24-1-2的方法减针。最后再织6行花样A。

4.用缝衣针把前片、后片、袖片对应缝合起来。

5.领片的编织：沿领边按针数挑199针织6行花样A，同时每两行在中间针上收2针。

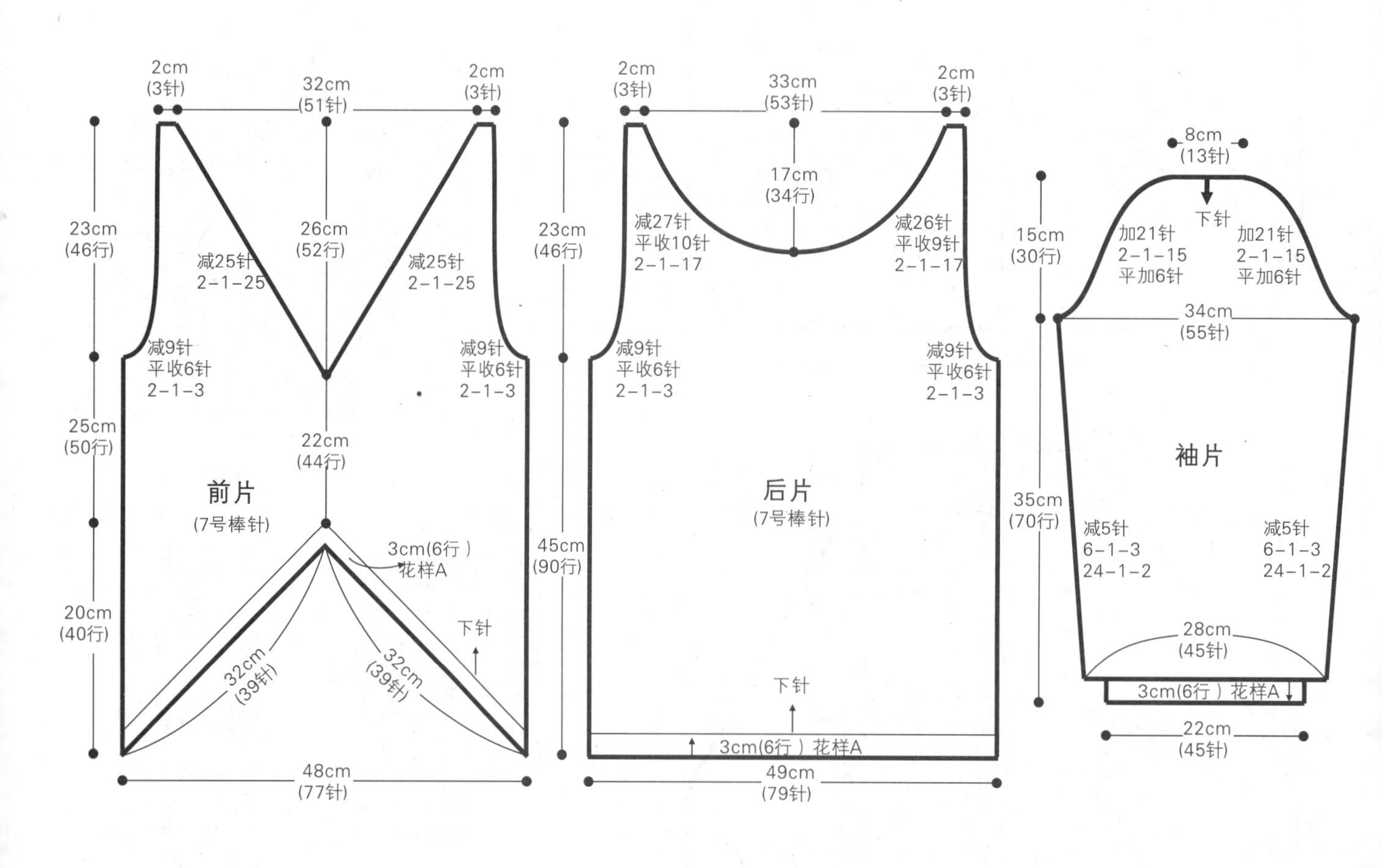

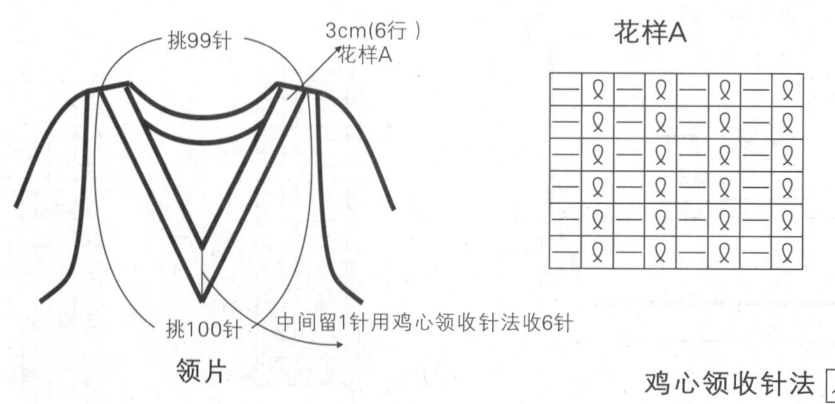

花样A

—	♀	—	♀	—	♀	—	♀
—	♀	—	♀	—	♀	—	♀
—	♀	—	♀	—	♀	—	♀
—	♀	—	♀	—	♀	—	♀
—	♀	—	♀	—	♀	—	♀
—	♀	—	♀	—	♀	—	♀

鸡心领收针法 ⋏

符号说明：

⊟	上针
□=⊡	下针
♀	扭针
⋏	中上3针并1针
2-1-15	行-针-次
↑	编织方向

紫色小开衫

【成品规格】 衣长44cm，胸围90cm，连肩袖长64cm

【工　　具】 8号棒针

【编织密度】 20针×34行=10cm²

【材　　料】 紫色毛线450g，纽扣2枚

编织要点:

1.后片：起92针织单罗纹4行，上面织平针，平织23cm开挂肩，织插肩袖形式，按递进法减针，先每6行减2针减3次，再每4行减2针减12次，最后32针平收。

2.前片：起42针织单罗纹4行开始织花样A，两片花样对称成V形；织23cm开挂肩，织法同后片，领窝平直织，减针完成后平收。

3.袖：起61针织4行单罗纹，袖中心织花样B，两侧织平针，平织33cm织袖山部分，按递进法减针，先每4行减2针减2次，再每6行减2针减3次，再每8行减2针减5次，最后21针平收。

4.门襟：沿边缘挑114针织双罗纹30行，右侧开扣洞2个。

5.领：沿领窝钩花样；缝合纽扣，完成。

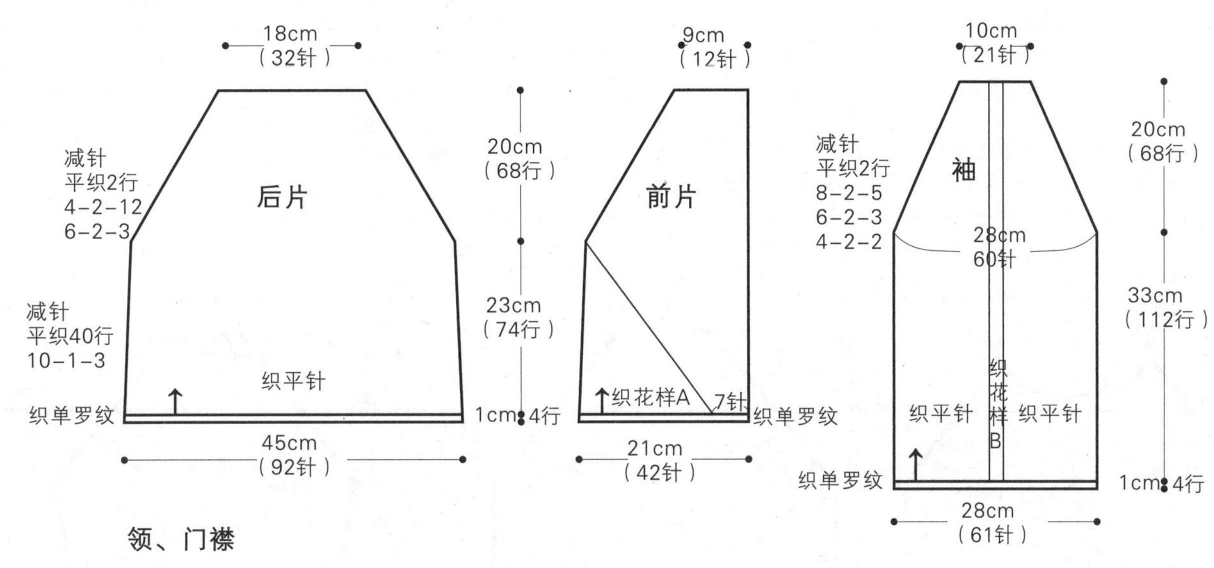

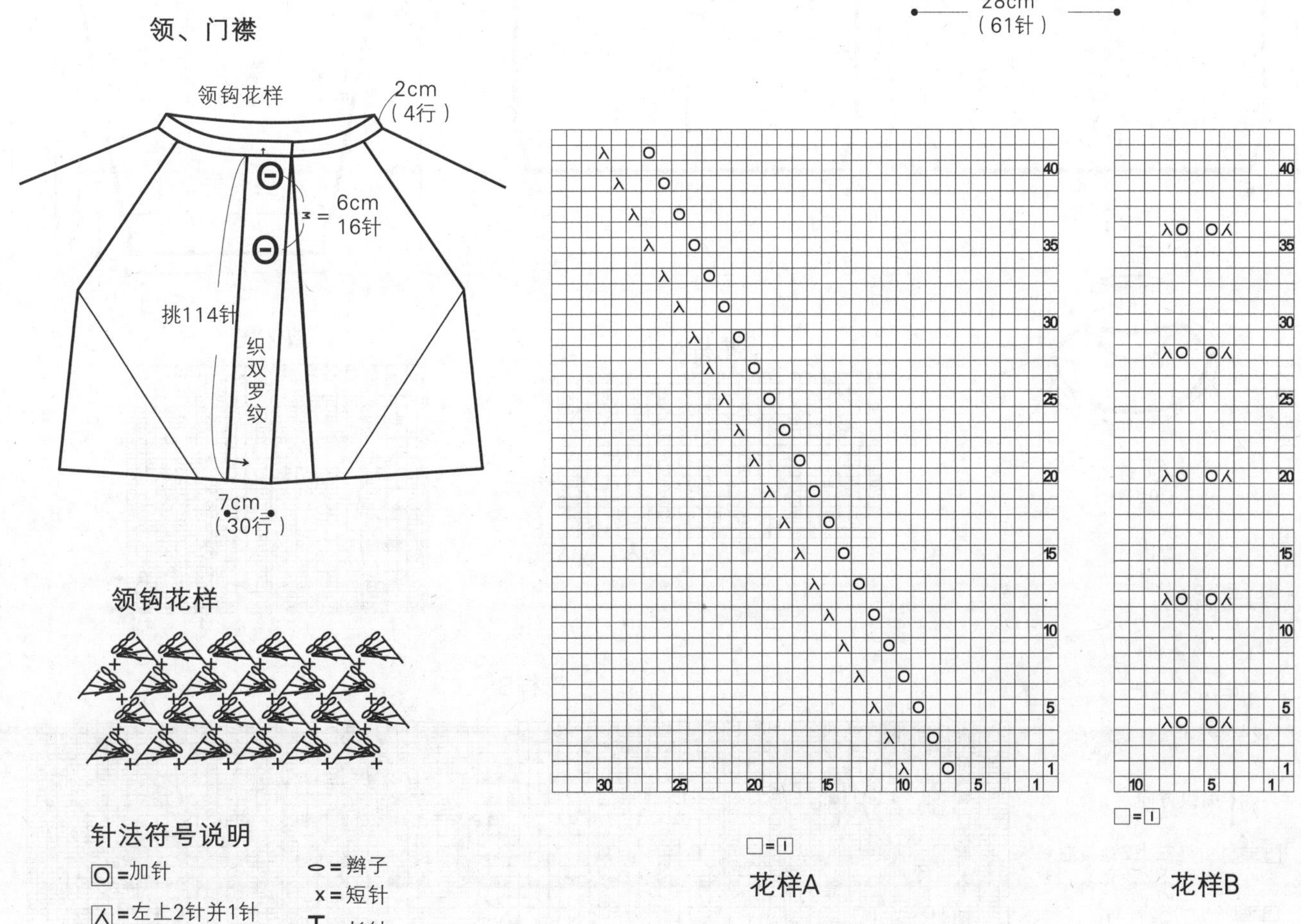

亮丽珍珠花毛衣

【成品规格】 衣长54cm，胸宽50cm，肩宽40cm，袖长71cm

【工　　具】 10号棒针

【编织密度】 19.6针×28.4行=10cm²

【材　　料】 宝蓝色奶棉绒线800g，红色、橙色、黄色、绿色线各少许

编织要点:

1.棒针编织法。由前片与后片和两个袖片组成。

2.前后片织法：(1)前片的编织，下针起针法，起92针，起织花样A，织16行，在最后一行里，分散加6针，针数加成98针，下一行起依照花样B排花型编织，不加减针，织60行至袖窿，袖窿起减针，在第3针和第96针的位置上减针，6-2-6，4-2-8，当织成袖窿算起58行的位置时，下一行中间平收22针，然后两边减针，2-2-5，与袖窿减针同步进行，织至最后余下1针，收针。(2)后片起92针，起织花样A，织16行，在最后一行里分散加6针，加成98针，下一行依照花样C排花型编织，不加减针，织60行至袖窿，下一行袖窿减针，减针位置与前片相同。方法是6-2-6，4-2-10，各减少32针，织成78行的高度，余下34针，收针断线。

3.袖片织法：下针起针法，起48针，起织花样A，织16行的高度。在最后一行里，分散加6针，将针数加成54针，下一行根据花样C排花型编织。并在两边袖侧缝上加针，6-1-18，织成108行高，90针，至袖山减针，两边减针方法不相同，做前面袖窿边减针方法是6-2-4，4-2-11，减少30针，织成68行高。做后片袖窿边减针:4-2-19，2-2-1，减少40针，织成68行高，前边减完针后，将10针平收，然后减针，2-2-5，织成一弧度。用相同的方法去编织另一个袖片。注意前袖窿边与后袖窿边的位置相反。

4.缝合：将前后片的侧缝对应缝合。再将袖片、长边与后片对应缝合，短边与前片对应缝合。再将袖侧缝对应缝合。

5.领片织法：如图示沿前领窝挑52针、后领窝挑44针，共挑起96针，起织花样A，不加减针，织24行的高度后，收针断线。最后用红橙黄绿蓝五个颜色的毛线，制作凸珠毛线球，缝于图解相应的位置。衣服完成。

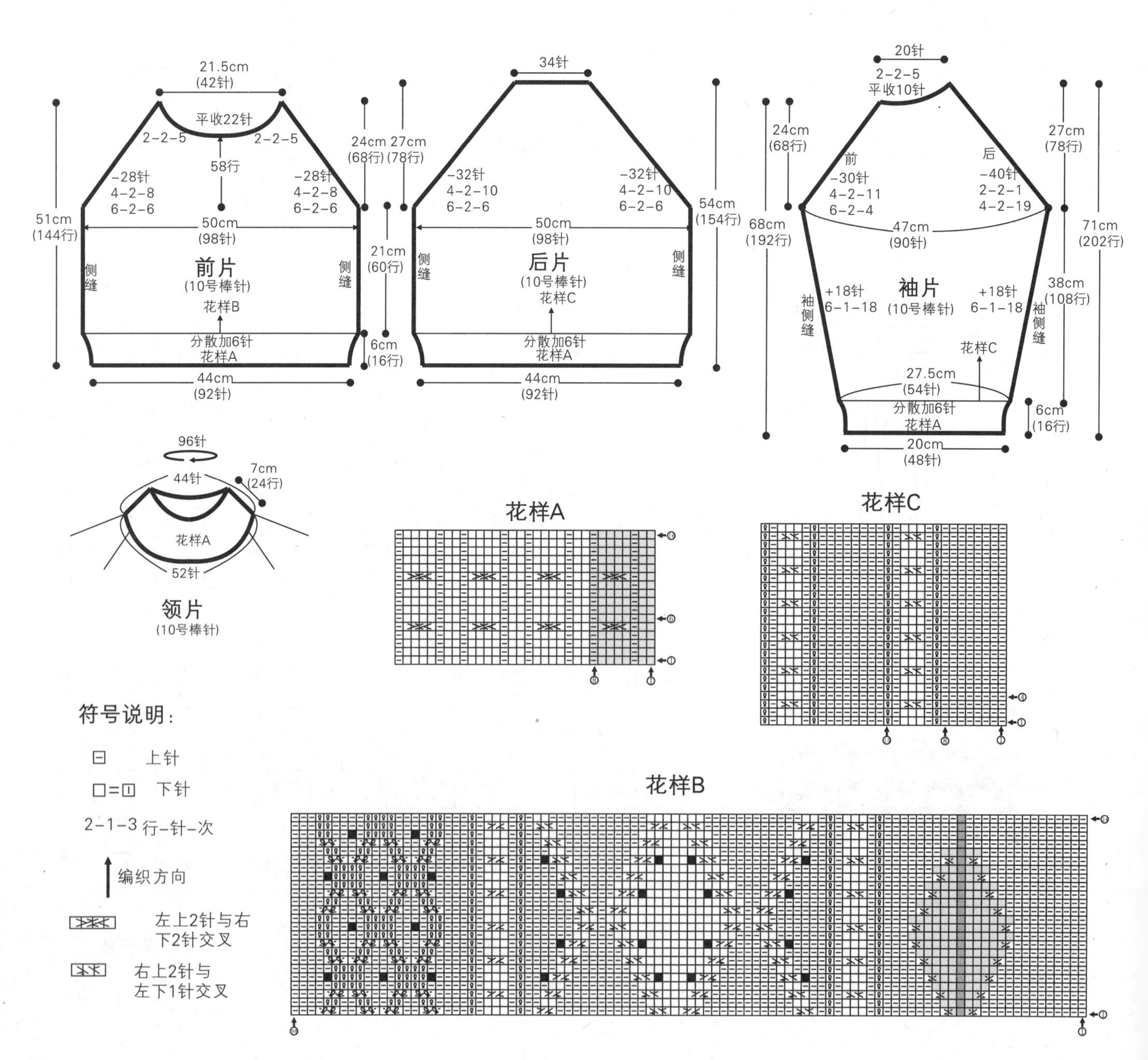

蕾丝边长袖装

【成品规格】 衣长62cm，胸宽50cm，袖长62cm

【工　　具】 10号棒针

【编织密度】 17针×30.6行=10cm²

【材　　料】 灰色羊毛线600g，纽扣3枚

编织要点:

1.棒针编织法，由前片2片、后片1片、袖片2片组成。从下往上织起。为插肩款毛衣。

2.前片与后片的编织。各自编织。（1）以前片为例，单罗纹起针法，起92针。起织花样A单罗纹针，不加减针，织24行。（2）第25行起，分配花样，从右往左，编织花样B，2针上针，2针下针的花样组，织82针后余下的10针编织花样B单罗纹针，如此分配织成10行，在下一行时，花样A部分制作扣眼，2行一个扣眼，用空针织成。然后往上每隔20行织一个扣眼，共3个扣眼。织成100行至腋下。

3.袖窿起减针。两侧同时减针，在第2、3针与倒数第2、3针的位置减针。减针方法是4-2-14，织成44行后，下一行减前衣领，中间平收18针，两侧同时减针，2-1-6，各减少6针，与袖窿减针同步进行，直至余下1针。

3.后片的编织。后片织法与前片相同，只是袖窿织起，不减后衣领，织成56行后，将所有的针数收针。

4.袖片的编织。袖片从袖口起织，单罗纹起针法，起40针，起织花样A，不加减针，往上织24行的高度，下一行起织花样B，两袖侧缝加针，10-1-8，再织20行至袖窿。并进行袖山减针，8-2-4，6-2-5，织成62行高度，余下12针，收针断线。用相同的方法去编织另一袖片。

5.拼接，将前片的侧缝与后片的侧缝对应缝合，将两袖片的插肩缝线与衣身的插肩缝边线进行对应缝合。再将袖侧缝进行缝合。最后沿着前后衣领挑针钩织花样A单罗纹针，104针，织10行，完成后收针断线。衣服完成。

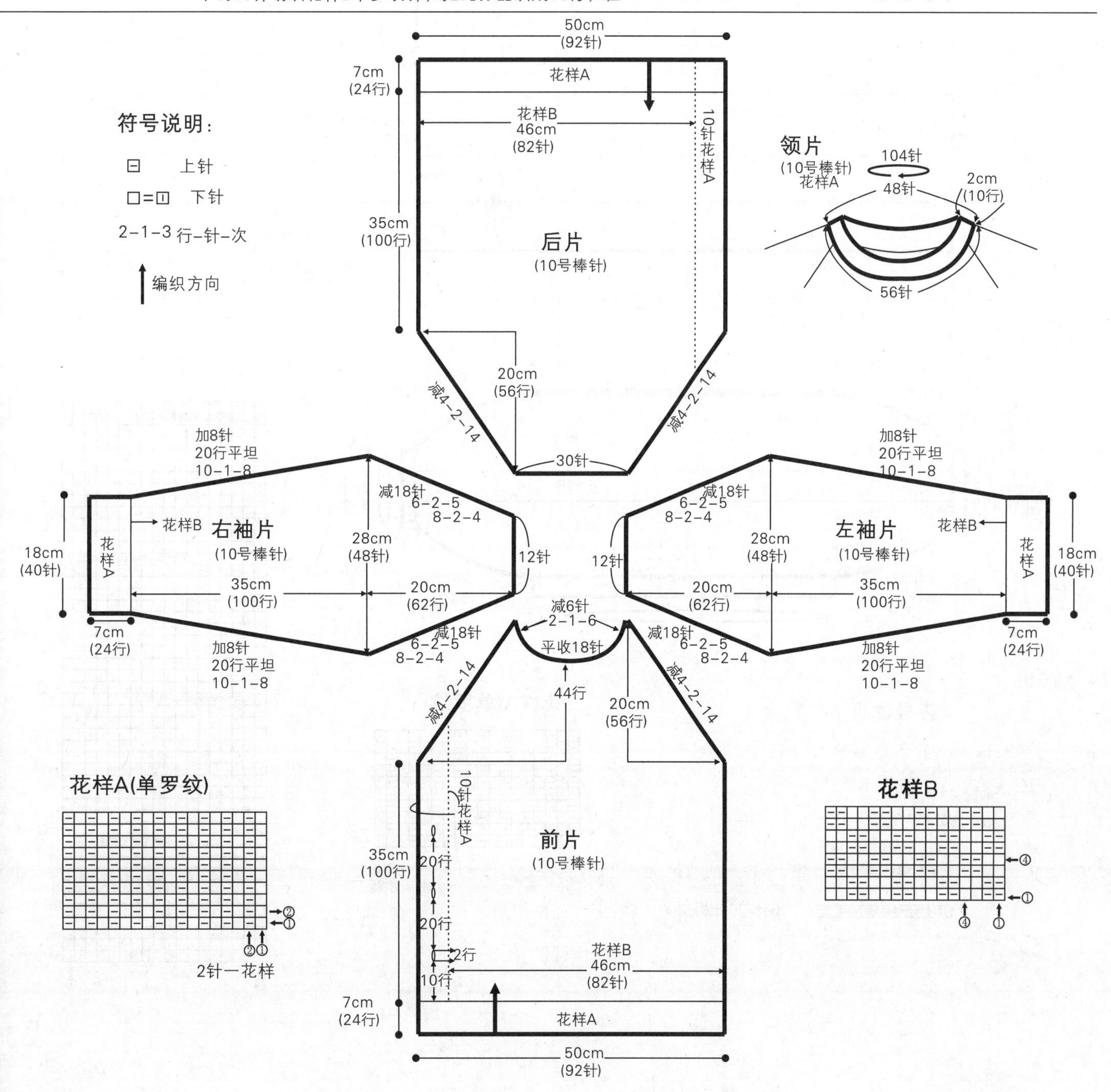

白色灯笼装

【成品规格】 披肩长90cm，宽48cm

【工　　具】 8号棒针

【编织密度】 20.4针×21.3行=10cm²

【材　　料】 米白色丝光棉线400g

编织要点:

1.棒针编织法。由两块织片通过缝合形成袖口，领口形成。

2.先编织前后两块织片。织法简单，下针起针法，起98针，排花，两边各取40针，编织花样A搓板针，中间18针编织花样B棒绞花样。照此分配，不加减针，织192行的高度。用相同的方法再编织另一个织片。

3.缝合。前片与后片的两条长边两端，各取24cm54行的高度进行对应缝合。而两短边，即起针行与收针行，收缩成14cm的宽度并沿边挑40针，起织花样A单罗纹针，不加减针织6行的高度后收针断线。另一边织法相同。长边形成的开口，上端作领口，下端作下摆，下摆再织一圈单罗纹花样，挑出176针，起织花样A，织6行后收针断线。披肩完成。

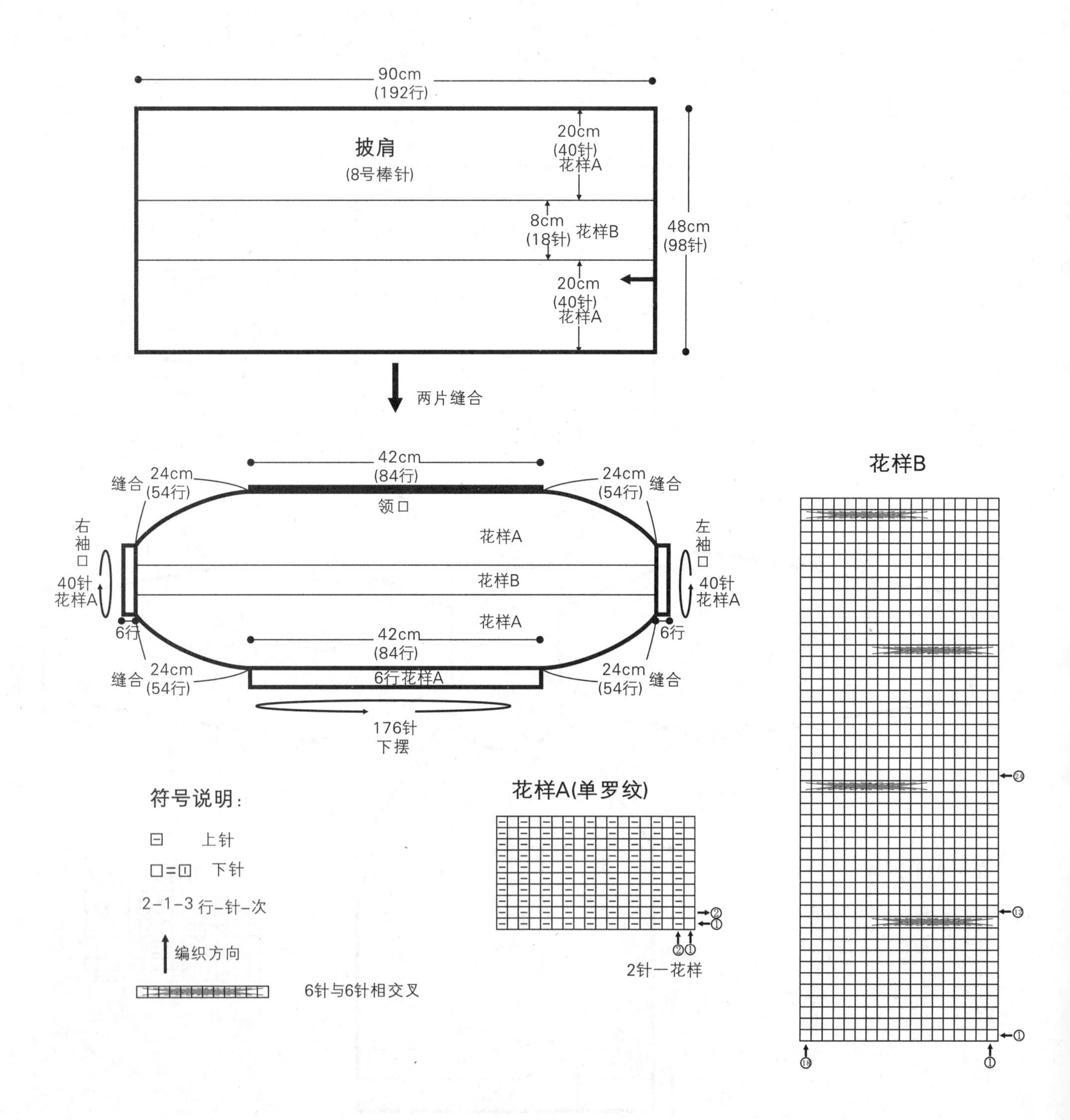

粉色圆领图案毛衣

【成品规格】 衣长60cm，胸围104cm，袖长48cm

【工　　具】 13号、11号棒针，4号钩针

【编织密度】 27针×30行=10cm²

【材　　料】 粉色毛线650g

编织要点:

1.后片：用13号棒针起140针织边缘花样7cm，换11号棒针织平针，织33cm开挂肩，腋下每4行收2针收9次，织20cm平收。

2.前片：织法同后片；领窝留8cm，中心平收16针，两侧再依次减针，至完成。

3.袖：用13号棒针起60针织边缘花样7cm，换11号棒针织平针，袖两侧均匀加针，织31cm织挂肩，腋下收针同身片，每4行收2针收9次，最后66针平收。

4.领：用13号棒针沿领窝挑110针织边缘花样5cm，平收。

5.配饰：分别在前片、袖做装饰；圆：起12针织一长条，围成圆，内径均匀打上皱褶固定在各个位置；另钩长针，分别围成心形若干及各形状分别固定；并在相应的位置钩枣子针，完成。

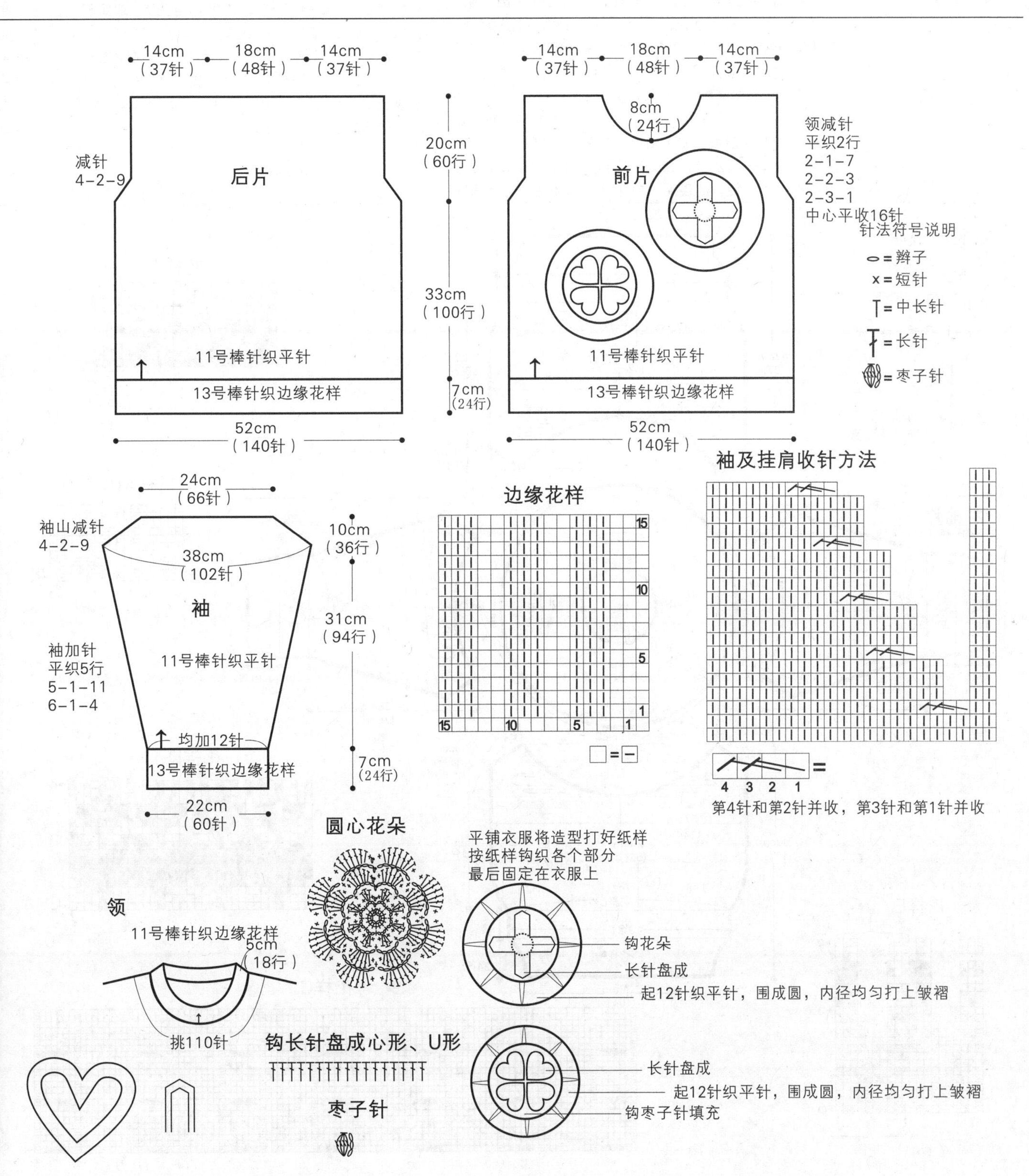

酷雅范儿毛衣

【成品规格】 衣长67cm，胸宽52cm，袖长56cm

【工　　具】 8号棒针

【编织密度】 23针×20行=10cm²

【材　　料】 米白色羊毛线400g，深绿色、红色、深蓝色、浅黄色线各50g

编织要点：

1.棒针编织法。分前片与后片两片，袖片两片，领片一片编织而成。

2.前片与后片的结构是完全相同的。以前片为例说明。(1)下摆起织。白色线起织，单罗纹起针法，起104针，起织花样A单罗纹针，不加减针，织24行的高度。(2)第25行起全织下针，并参照花样B编织配色图案，排成13组花B。不加减针，织11行的高度。(3)下一行起，依照花样C，用白色线编织花样，并在两边侧缝加针，2-1-8，加8针，针数加成120针。然后不加减针，织36行后，将织片分成两半，每一半采用折回编织法，即内侧的针不收针，每行的最后一针不收针，留在针上，即返回编织下一行，当织4行后，开始减袖窿，2-2-8，减少16针，另一边织法相同。最后针数余下88针。后片的织法亦相同。

3.袖片单独织成。单罗纹起针法，起56针，起织花样A，不加减针，织20行，下一行起织花样B配色图案，不加减针，织11行的高度后，下一行全用白色线编织。并在袖侧缝上加针，4-1-14，2-1-10，织成76行高。下一行减袖窿，2-2-8，减针行织成4行后，同样分成两半，采用折回编织法，将袖片上端织出弯弧边。针数为72针。用相同的方法去编织另一个袖片。

4.缝合。将袖片的袖窿边分别对应与前片和后片的袖窿边缝合。再将袖侧缝缝合。将衣身前后片的侧缝缝合。

5.领片的编织。前后片与袖片缝合后。所得出的领片起织针数为320针。依照花样D，排出40组花D，编织配色图案。并在每组花D上减针，每组减2针，织17行后，针数减少为240针，再依照花样E排出24组花E，并在花E上减针，每组减5针，织23行花样E后，针数减少为120针。改织花样A单罗纹针，不加减针，织24行后，对折24行为12行，折回衣领后进行缝合。衣服完成。

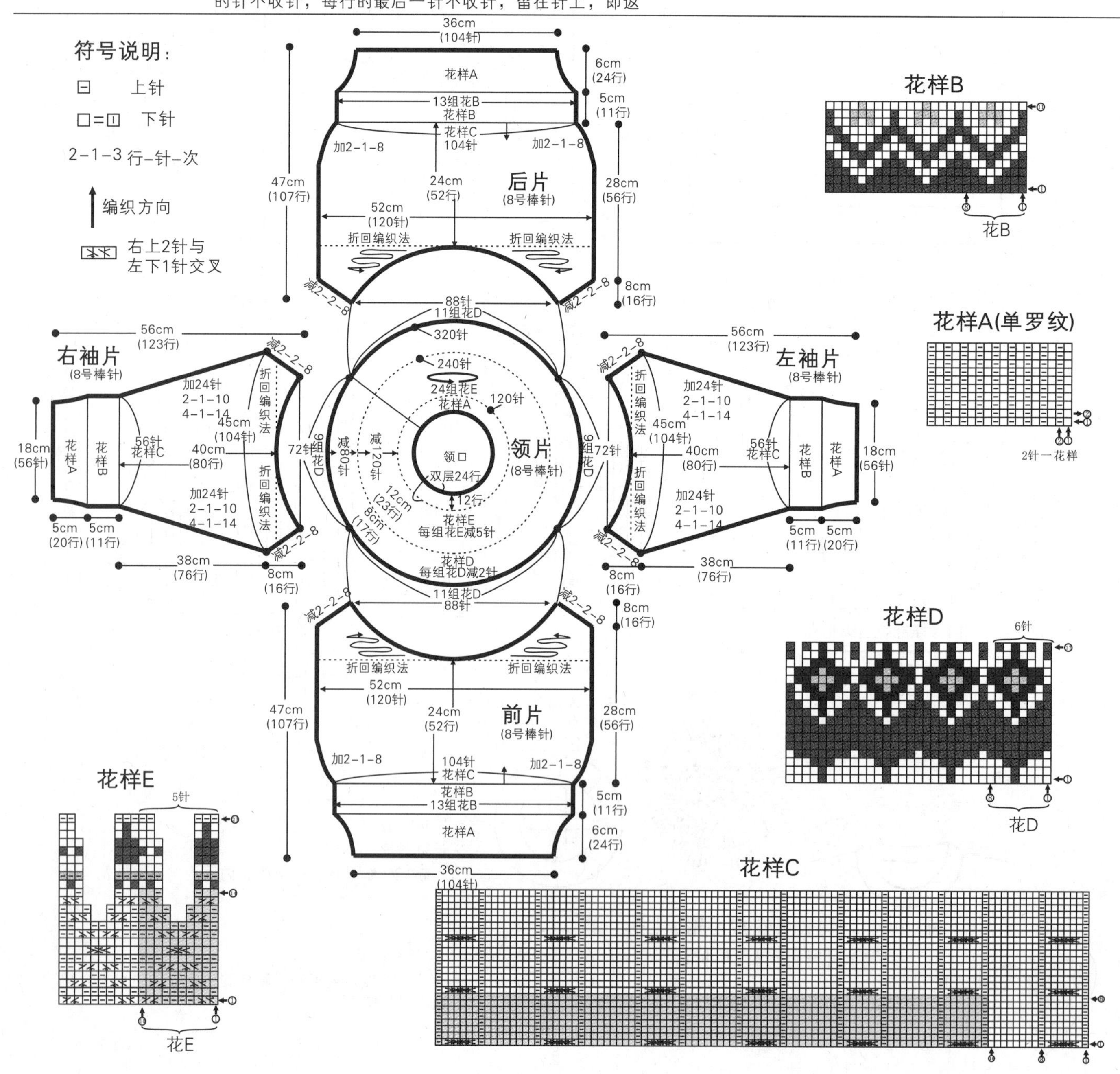

淑女开衫

【成品规格】 衣长52cm，胸围100cm，袖长47cm

【工　　具】 10号棒针，5号钩针

【编织密度】 23针×24行=10cm²

【材　　料】 红色毛线550g，其他色线少许，纽扣6枚

编织要点:

1.后片：起116针织花样，平织76行开挂肩，腋下平收4针，两侧再依次减针，织18cm，后领窝深1.5cm，肩平收。

2.前片：开衫，起56针，织法同后片；前领窝深8cm，平收7针，再按图示减针，至完成。

3.袖：从下往上织；起50针织花样，两侧依次加针织出袖筒35cm，袖山先在腋下平收4针，再依次减针，最后20针平收。

4.领。边缘：缝合各部分，先钩下摆、袖口，然后门襟连领同钩，缝合纽扣；钩各色花朵加刺绣点缀，完成。

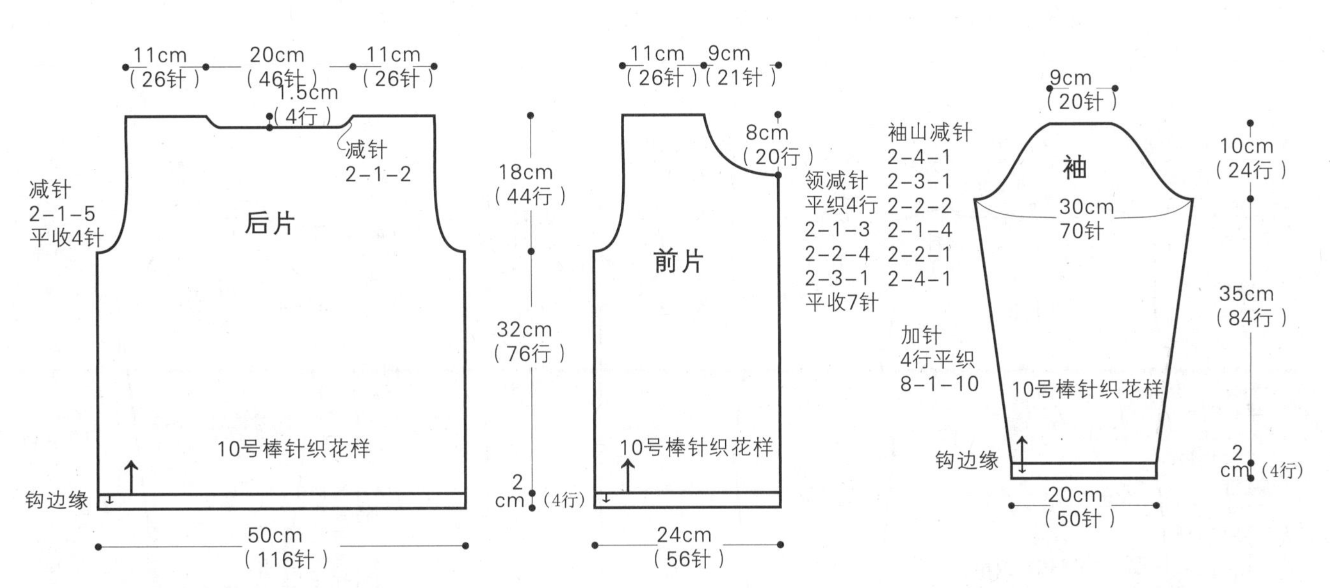

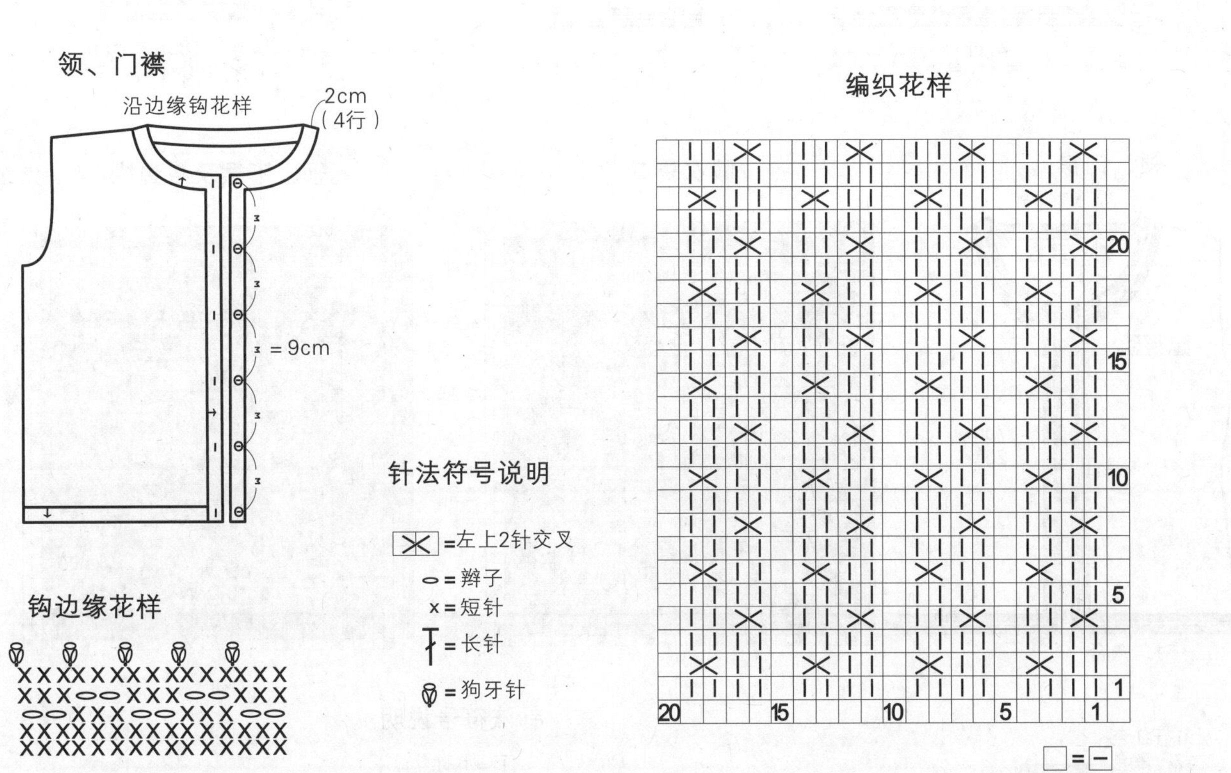

红色制服装

【成品规格】 衣长55cm，胸围84cm，袖长55cm

【工　　具】 14号棒针

【编织密度】 36针×42行=10cm²

【材　　料】 红色毛线500g，黑色线50g， 纽扣14粒

编织要点:

1.后片：用红色线起150针织平针，分别在两侧加减针织腰线，织33cm开挂肩，腋下平收5针，再依次减针，肩用引退针法织斜肩，后领深1.5cm，中心平收72针，两侧分别按图示减针。

2.前片：起75针，基本织法同后片；前领窝深13cm，开挂后织4cm后开始领窝减针，先平收6针，再依次减针，至完成。

3.袖：用黑色线起64针，织28行，再织红色4行，黑色8行，对折成双层合并；上面织红色平针，并在两侧按图示加针；织34行暂停；从一侧的边缘挑40针织4行黑色，4行红色，再16行黑色，对折缝合（也可预先织好两条，在需要的一侧均匀开3个扣洞）；同法织另一侧；从其中的一侧挑出8针继续织袖筒并均匀加针至32cm，开始织袖山，腋下平收5针，再依次减针，最后42针平收。

4.领及各边缘、门襟：起154针织28行黑色，4行红色，8行黑色，对折成双层，织2针，右侧的一条均匀开出7个扣洞；领：起148针，织法同门襟；下摆：起300针，织法同上；在各自的位置缝合，对角位置从里层叠压缝合。

5.另织假衣袋口，缝合在前胸，并钉纽扣装饰；钉上纽扣，完成。

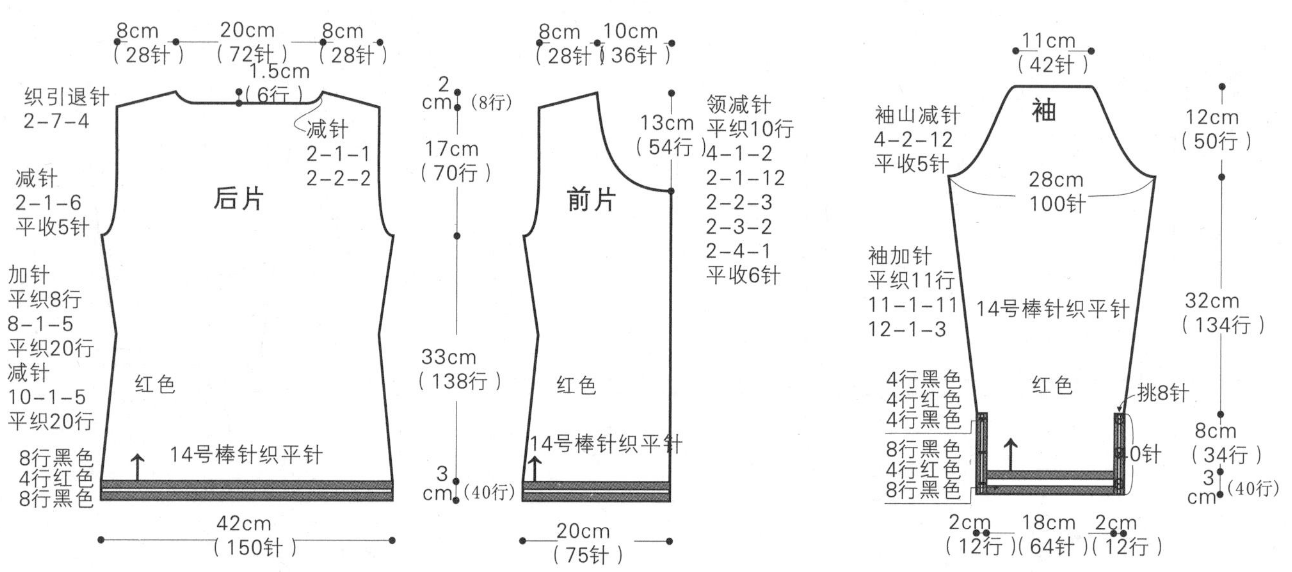

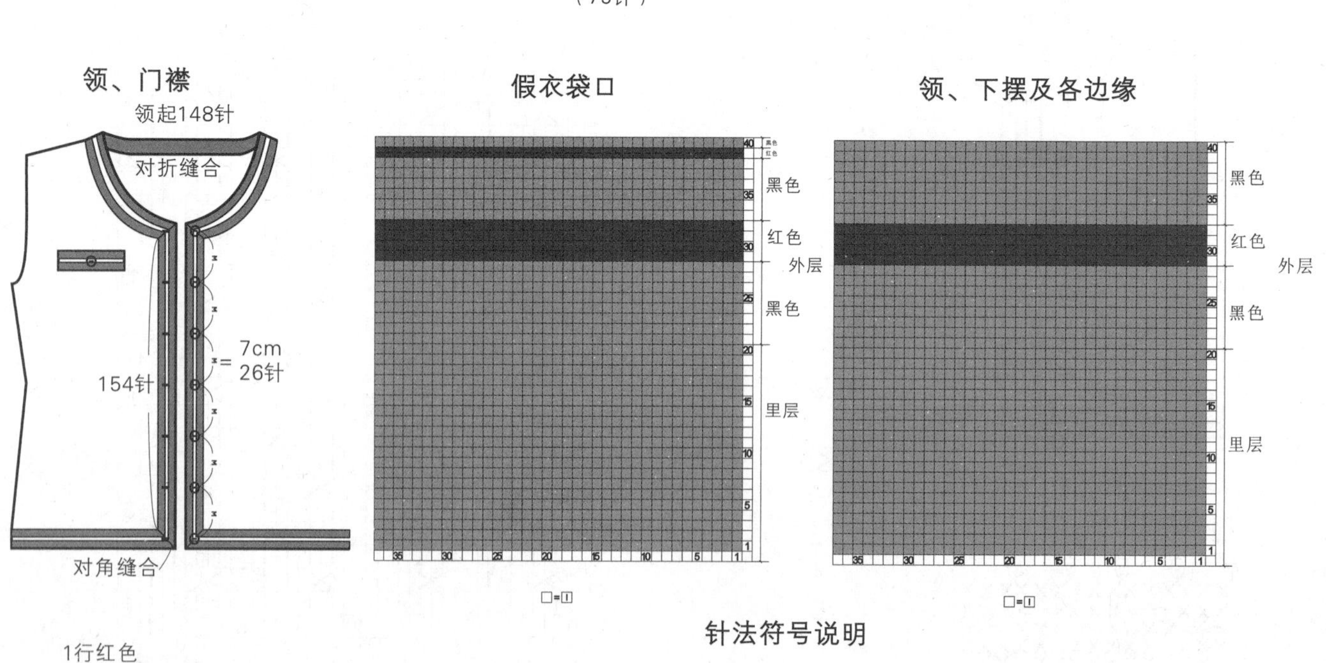

针法符号说明

□ =下针

⊟ =上针

立体花长袖装

【成品规格】 衣长56cm，胸围104cm，袖长54cm

【工　　具】 9号、10号棒针 5号钩针

【编织密度】 21针×24行=10cm²

【材　　料】 驼色毛线400g，白色线100g

编织要点：

1.后片：织驼色；用10号棒针起108针织边缘花样20行，换9号棒针织平针，织28cm开挂肩，腋下平收4针，再依次减针，肩用引退针织斜肩，后领窝深2cm。

2.前片：织间色花样；用10号棒针起108针织驼色边缘花样20行后，换9号棒针分别织花样A和花样B，换白色线织12行上针，再织驼色花样C；如此按图示循环织；前领窝深7cm，中心平收14针，两侧依次减针，至完成。

3.袖：从下往上织，织法同前片；袖筒两侧依次加针，织40cm后织袖山，在两侧依次减针，最后24针平收。

4.领：用钩针沿领口钩花样；前片和袖分别钩花朵装饰，完成。

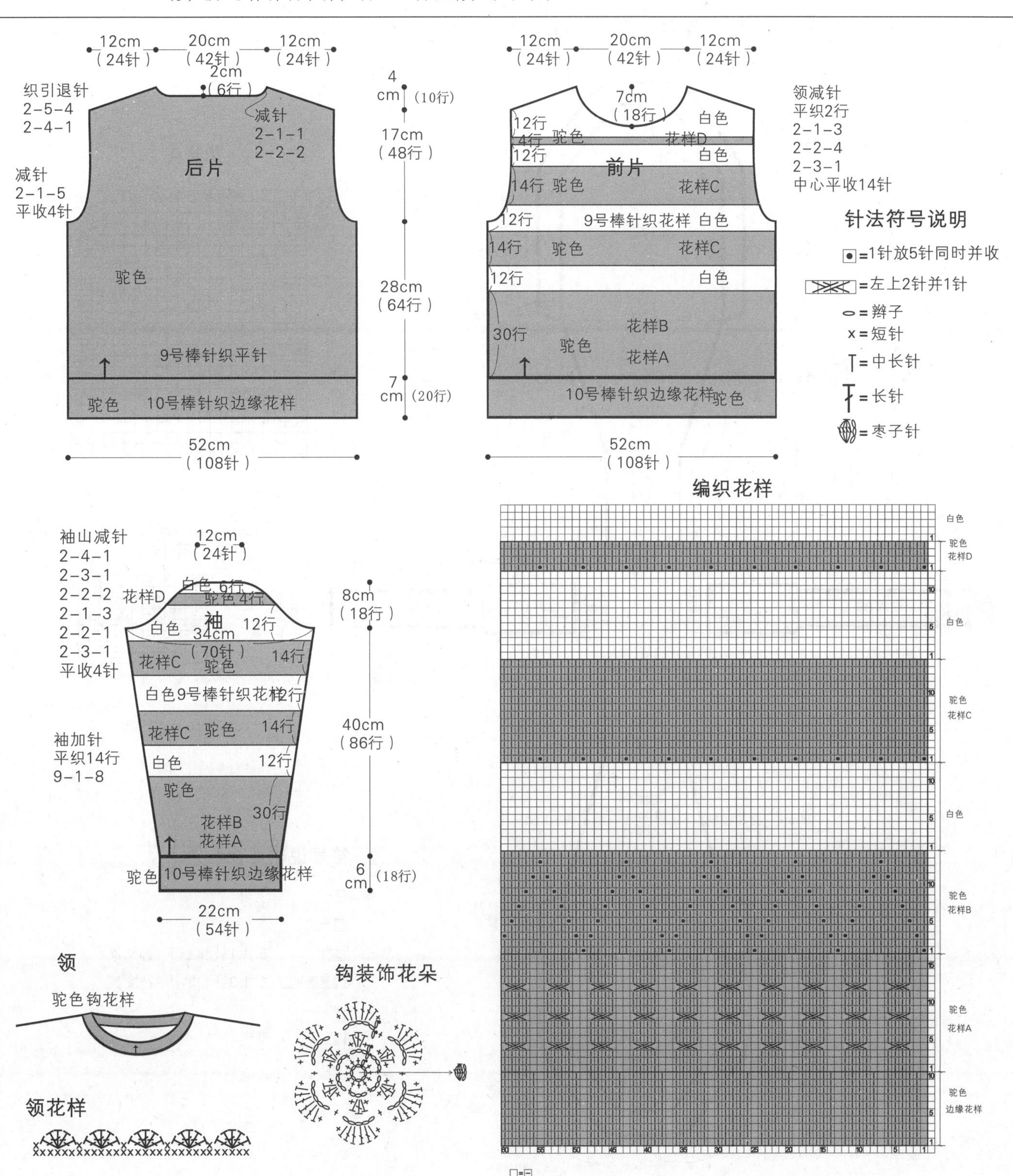

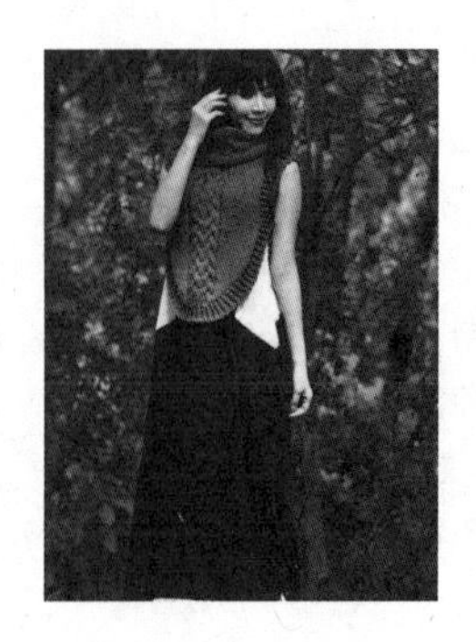

个性高领装

【成品规格】 衣长63cm，衣宽30cm

【工　　具】 9号棒针

【编织密度】 14针×20行=10cm²

【材　　料】 浅紫色粗腈纶毛线400g

编织要点:

1.棒针编织法。由上往下织，前后身片、袖片一起织成。

2.单罗纹起针法，起84针，平织32行后开始分针，前片30针，后片22针，肩部16×2=32针，总共84针。如图所示双肩开始织花样B，后片织全下针，前片织花样A和下针，前后片分别在两边按4-1-12的方法加针（两边分别留1针）。圈织48行后两肩部的针预留先不织。然后再分前片编织，先织后片：下针继续织52行，后按2-1-13的方法在两边收针，最后平针收针，然后用同样的方法织前片。

3.衣边织法：沿衣服的边挑起388针（两肩留的针直接挑用）织花样B16行，最后单罗纹锁针。织左右前片。

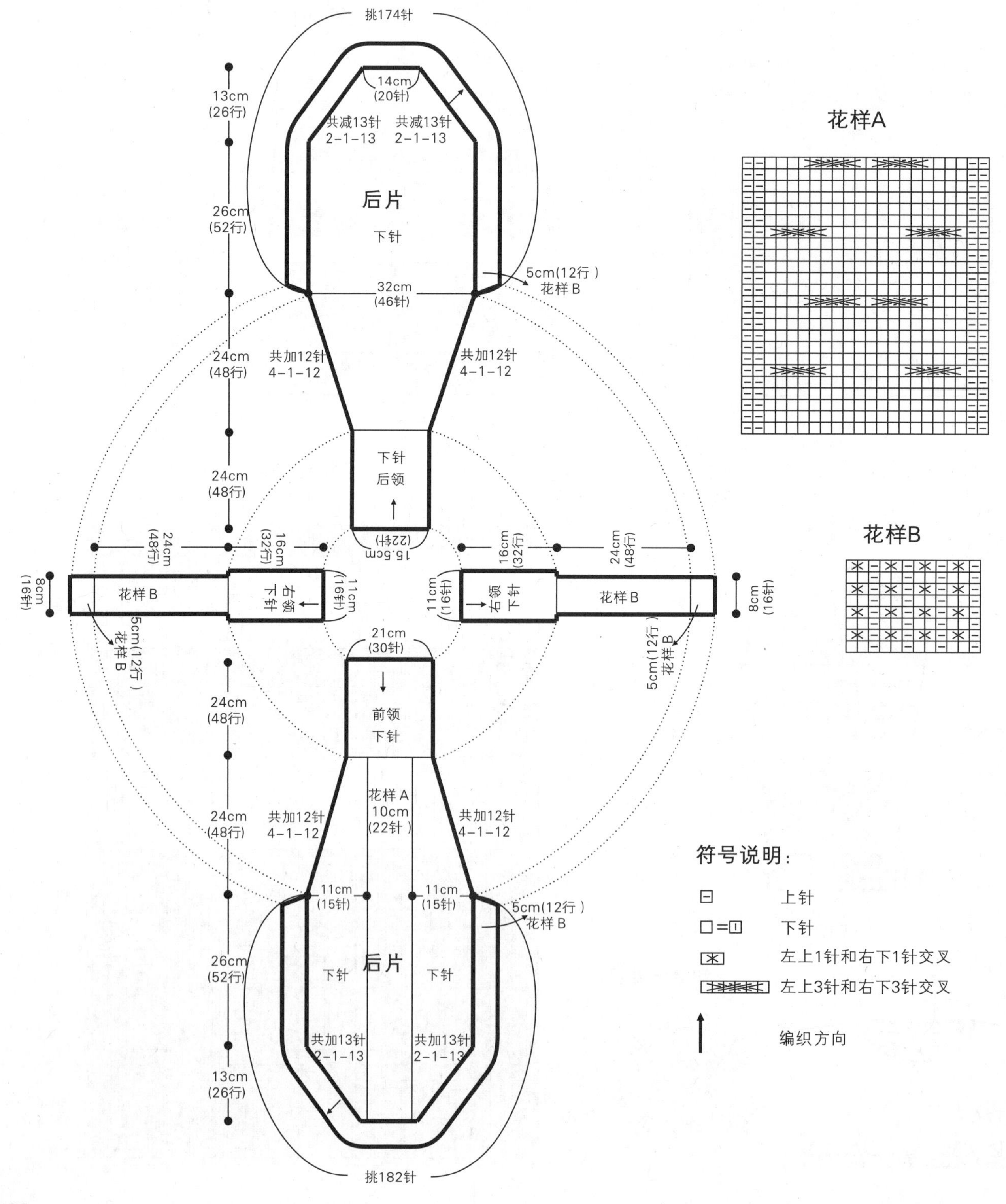

复古式开衫

【成品规格】 衣长50cm，胸宽46cm，袖长50cm

【工　　具】 12号棒针，2.0mm钩针

【编织密度】 25针×37.5行=10cm²

【材　　料】 灰色羊毛线150g，米白色线150g，棕色线100g，黄色、粉红色、蓝色线各50g，纽扣5枚

编织要点：

1.棒针与钩针编织法相结合。配色与花样混搭的一款衣服。前面由左前片和右前片组成。后片也分左右两半各自编织再缝合而成。两个袖片单独完成。

2.前片的编织，由左前片和右前片组成。而各片组成花样也不相同。(1)右前片的编织。分为三部分，上面棒针部分，中间单元花钩织形成。下面棒针编织。不分先后，均各自完成再进行缝合。下面部分，下摆起织，双罗纹起针法，用棕色线，起50针，起织花样A双罗纹针，不加减针，织24行高度后收针断线。中间由三个单元花样拼接而成，大单元花图解见花样G，小单元花图解见花样H。均由各种颜色搭配钩织而成。上面部分，下针起针法，用灰色线，起50针，起织花样F，不加减针，织70行后，下一行左侧减袖窿。减针方法为2-1-30，织30行后完成花样F编织，改用棕色线，编织花样B。织17行后，下一行减前衣领边。先平收针7针，然后2-2-5，1-1-3，直至余下1针，收针断线。(2)左前片的编织。一片编织而成，由各种颜色毛线搭配编织而成。双罗纹起针法，用棕色线，起50针，起织花样A，不加减针，织24行，下一行改织花样B，织36行，然后改用米白色线，并用蓝色线配色编织花样C，不加减针，织33行，然后根据花样D，用蓝色、棕色、黄色、粉红色线搭配编织，织26行后开始减袖窿，方法与右前片相同，织22行后改织花样E，配色编织25行，然后下一行改用棕色线，起织花样B，并开始减前衣领，方法与右前片相同。直至余下1针，收针断线。

3.后片的编织。后片由左右两半各自编织，然后将中间缝合而成。（1）右后片的编织。用棕色线，起54针，起织花样A，织24行后，改用棕色线与深蓝色线配色编织花样K，织24行，然后再根据花样E配色编织24行，然后用灰色线，编织花样F，不加减针，织70行后，开始减袖窿，方法与前片相同，织40行后，改用白色线，编织花样B，再织20行结束，余下24针，收针断线。（2）左后片的编织。双罗纹起针，用棕色线，织花样A24行，下一行起，用白色线和蓝色线，根据花样C配色编织，不加减针，织78行后，再配色编织花样J，织10行，而后再配色编织花样K，织24行，然后根据花样D，织6行后开始减袖窿，减52行后，改编织花样B，织8行后收针断线，余下24针。将两片的中间边线对应缝合。

4.袖片的编织。由两个组成。各自花样不相同。（1）左袖片的编织。由上中下三部分组成，上由棒针织成，中间由单元花钩织而成，下面由棒针织成。从袖口起织，用白色线，起72针，起织花样A，织14行后改用灰色线，编织花样F，织30行后，收针断线。中间由四个花样H拼接而成。上面部分，起72针，根据花样C配色编织，织57行后，下一行起两边减袖窿，4-1-10，2-1-16，两边各减少26针，织成72行高度，余下20针，收针断线。（2）右袖片的编织。全程用棒针编织。用棕色线，起72针，起织花样A，织14行。下一行起，根据花样C配色编织，织42行，而后配色编织花样L，下一行据据花样K配色编织，织24行。然后根据花样E配色编织，织24行，然后配色编织花样D，织6行后开始减袖窿，减针方法与左袖片相同。织成72行后，余下20针，收针断线。

5.缝合。将两个袖片的袖窿边线分别与前片及后片的袖窿边线对应缝合，再将袖侧缝缝合。再将前后片的侧缝对应缝合。另一边方法相同。

6.衣襟的编织。右衣襟挑94针，用棕色线，起织花样N，织18行的高度。当织成8行时，制作四个扣眼，用空针织成。每隔20针织一个扣眼。左衣襟同样挑94针，织18行后，收针断线。

7.衣领的编织。沿着前后衣领边，用棕色线，挑出150针，起织花样M单罗纹针，不加减针，织14行的高度后，收针断线。在左领片衣襟侧制作一个扣眼。衣服完成。

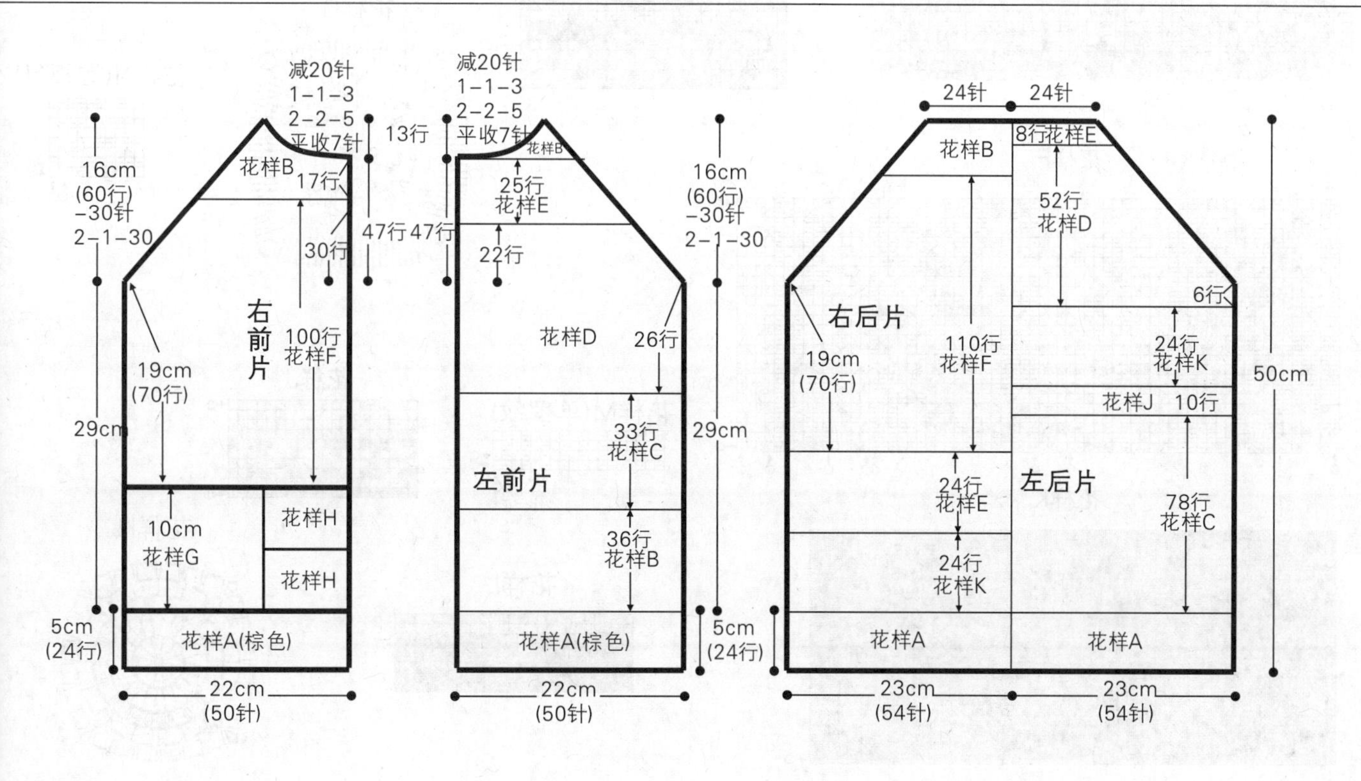

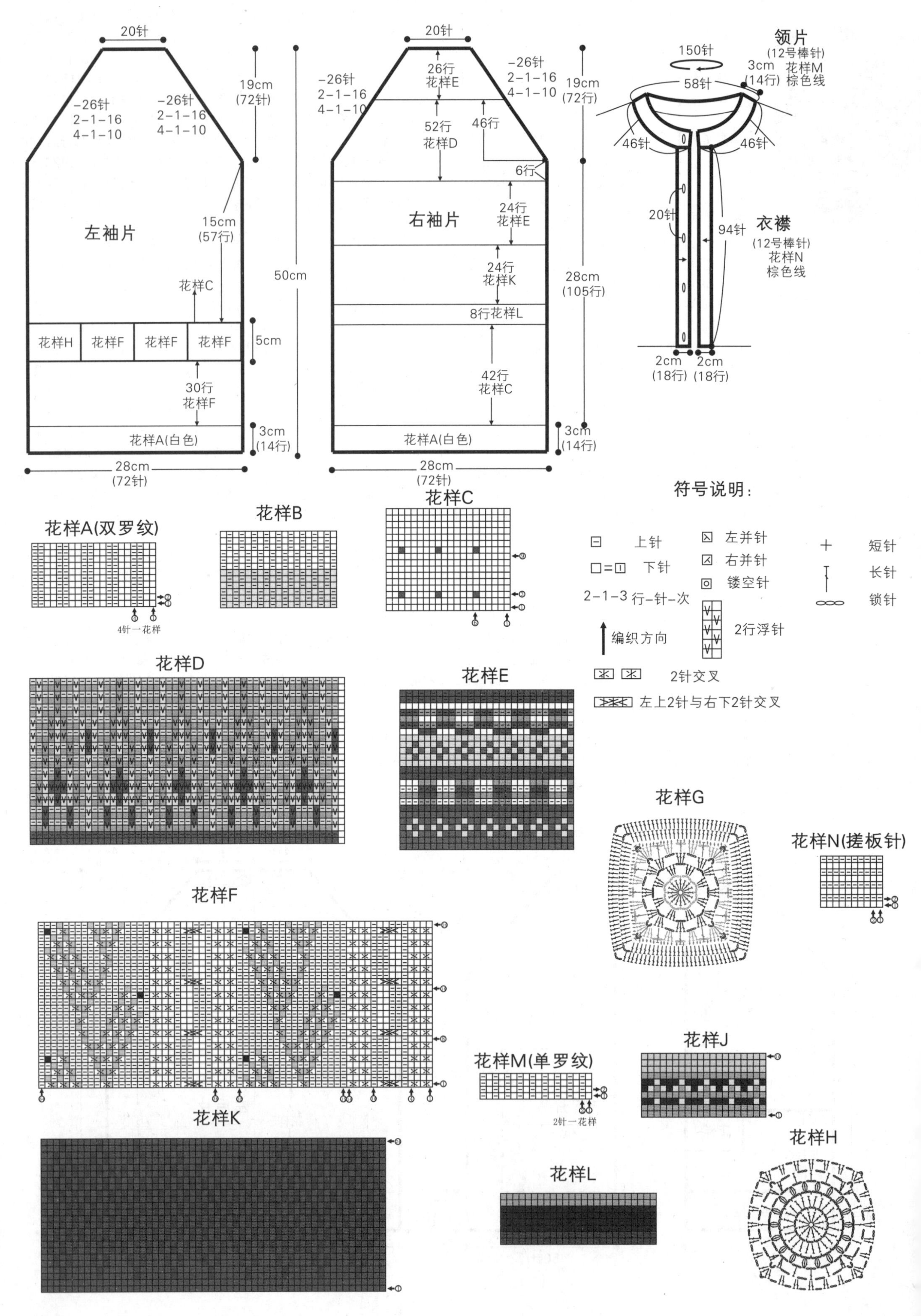
20针
-26针
2-1-16
4-1-10
19cm
(72针)
左袖片
15cm
(57行)
花样C
花样H
花样F
花样F
花样F
5cm
30行
花样F
花样A(白色)
3cm
(14行)
28cm
(72针)
50cm
右袖片
26行
花样E
52行
花样D
46行
6行
24行
花样E
24行
花样K
8行花样L
42行
花样C
19cm
(72行)
28cm
(105行)
150针
领片
(12号棒针)
3cm
(14行)
花样M
棕色线
58针
46针
46针
20针
94针
衣襟
(12号棒针)
花样N
棕色线
2cm
(18行)
2cm
(18行)
符号说明:
上针
下针
2-1-3 行-针-次
编织方向
左并针
右并针
镂空针
2行浮针
短针
长针
锁针
2针交叉
左上2针与右下2针交叉
花样A(双罗纹)
4针一花样
花样B
花样C
花样D
花样E
花样G
花样N(搓板针)
花样F
花样M(单罗纹)
2针一花样
花样J
花样K
花样L
花样H

灰色中袖装

【成品规格】 衣长72.5cm，衣宽50cm，袖长33cm

【工　　具】 10号棒针

【编织密度】 34针×42行=10cm²

【材　　料】 灰色中粗腈纶毛线600g，纽扣2枚

编织要点:

1.棒针编织法。由前片、后片、袖片、口袋、帽子、门襟等6部分组成。

2.后片织法：平针起针法，起170针，织12行下针1行上针12行下针，后对折形成双层下摆边，继续织下针。两边按图示方法各收5针，织够220行下针后两边按图示方法各收掉20针，最后剩120针平针锁边。

3.前片的织法：平针起针法，起170针，织12行下针1行上针12行下针，后对折形成双层下摆边，继续织下针。两边按图示方法各收5针，织够76行下针后开始按图示尺寸织口袋，下针共织够170行在中间平收24针，开始分左右两片编织，先织右片：织50行下针后在右边按图示方法收掉20针，剩48针平针锁边。用同样的方法织另一片。

4.袖片的织法：平针起针法起136针，织12行下针1行上针12行下针，后对折形成双层下摆边，后织12行花样A和46行下针（同时两边按图示方法各收掉10针），后两边再按图示方法各收掉34针。剩48针平针锁边。

5.用缝衣针把前后片和袖片缝合好。

6.帽子的织法：全下针编织，沿领边挑102针，平织72行后开始分两片编织，先织右片，按图示再织46行，同时在左边按6-1-7方法收掉7针，用同样方法织另一片。把两片缝合好。

7.门襟的织法：沿中间的门襟边的帽子边共挑312针，织12行花样A，再织12行下针1行上针12行下针对折做边。

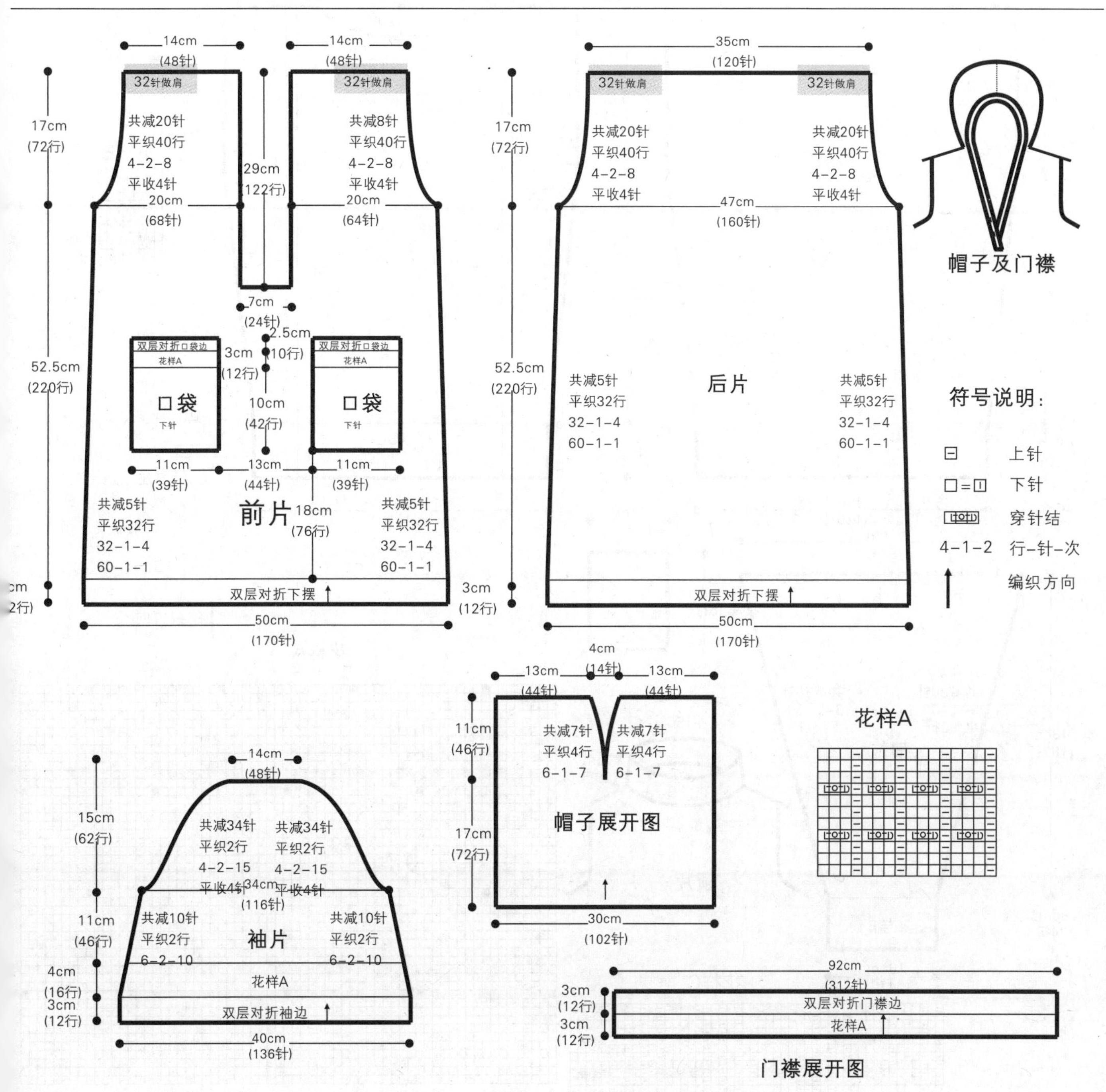

雪花花样毛衣

【成品规格】 衣长69cm，胸宽54cm，肩宽16cm，袖长56cm

【工　　具】 10号棒针，缝衣针

【编织密度】 26针×38行=10cm²

【材　　料】 米白色丝光棉线400g

编织要点:

1.棒针编织法。前后片由下往下上织。

2.前片织法：平针起针法起126针，如图示排花样织18行后开始在中间平收3针，分左右两片分别织6行，然后再从中间平加3针左右两片合到一起再织6行。接着按10-1-13的方法在两边加针，当行数织到第250行时开始按图示平收18针用2-3-1，2-2-2，2-1-7的方法分左右两片收领窝，最后平针锁针。

3.后片织法：平针起针法起126针，织30行花样A后，开始在左右两片分别按10-1-13的方法，共织270行花样A，平针锁针。

4.袖片织法：平针起针法起144针（全织花样A），按6-1-30、平织的2行的方法减针，然后再织24行花样C。

5.用缝衣针把前后片和袖片缝合好，底边按图示沿a b对折缝合。

6.领片的织法：沿领边挑156针，织20行花样C。

7.带子织法：平针起针法起6针，圈织下针，织合适的长度后平针锁针，在预留的洞里穿过，系好即可。

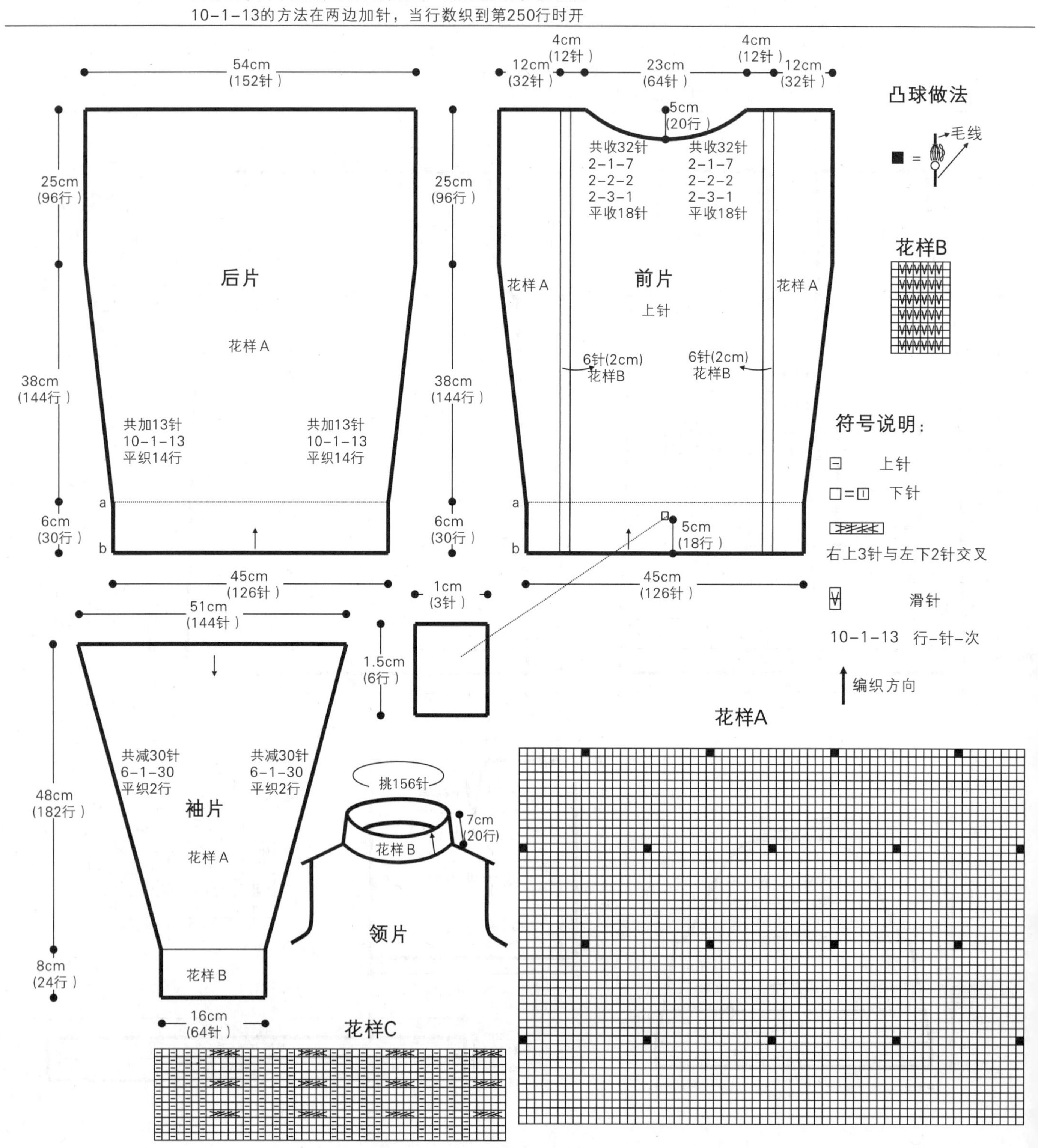

超性感毛衣

【成品规格】 衣长57cm，衣宽65cm

【工　　具】 12号棒针

【编织密度】 34针×32行=10cm²

【材　　料】 红色细腈纶毛线400g

编织要点:

1.衣服主要由左右两片组成。

2.左片编织方法：平针起针法起78针，其中70针织花样B，8针织花样C，共织272行，平针锁针。然后沿右边挑182针织10行花样D。右片的织法同左片的织法一样。

3.用缝衣针把两片按前后片的图缝起来（A到B缝死，a_1 b_1和a_2 b_2重叠缝在一起，c_1 d_1和c_2 d_2缝在一起。然后沿缝好的圈挑312针织44行花样A即可。

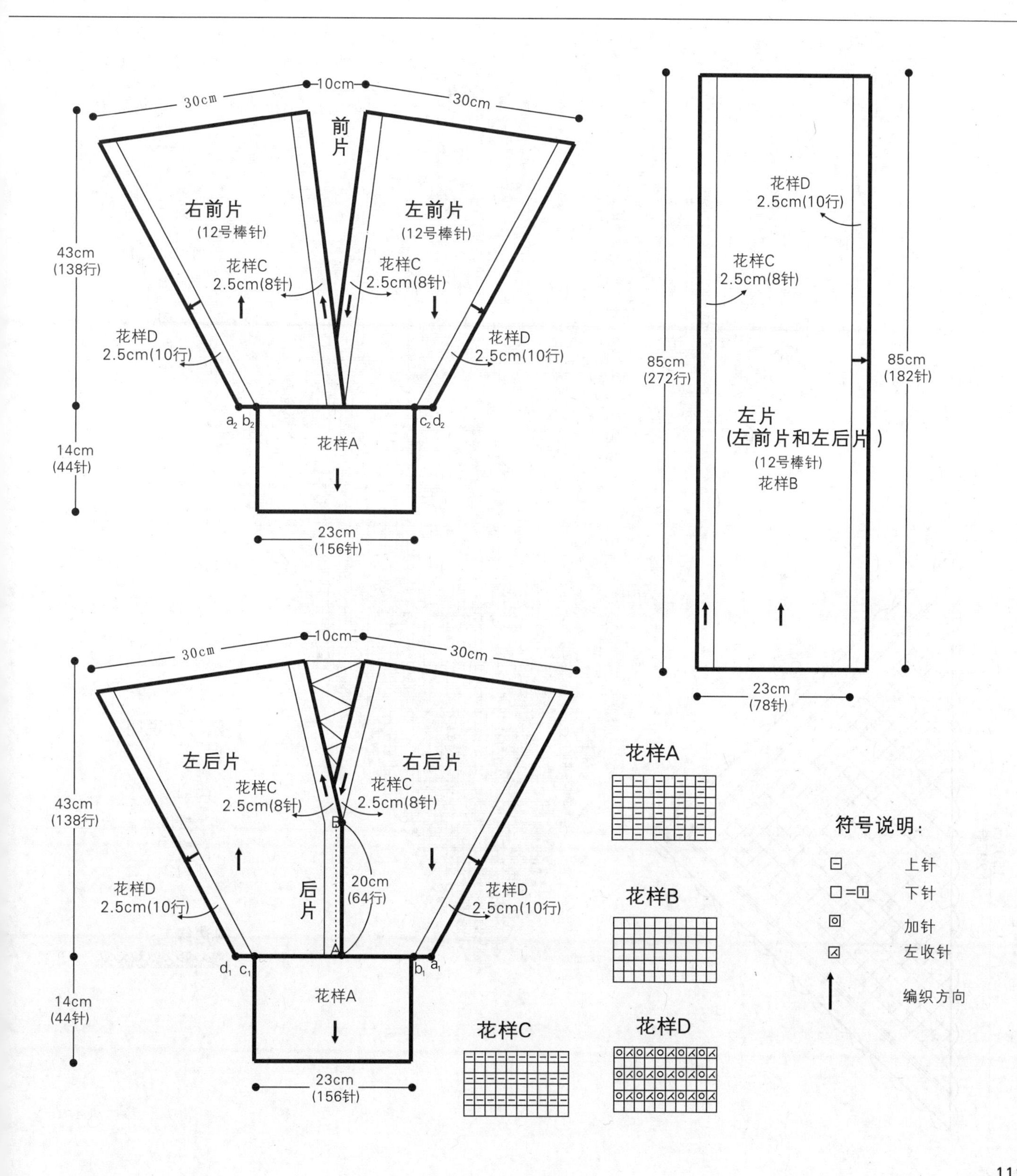

三角形披肩

【成品规格】	衣长64cm，衣宽88cm
【工　　具】	12号棒针，2.7mm钩针
【编织密度】	20针×34行=10cm²
【材　　料】	红色毛线500g

编织要点:

1.从三角处的最下端开始往上织。
2.起3针，每2行在两端边缘对称加1针，织第27行中心开始织一组线条，第67行开始织菱形缕空花样，小棱形织6层后中心变化成大菱形。
3.本图解为缩略图，可按自己所需任意加减花样。
4.主体部分完成后，在边缘钩一行花样，完成。

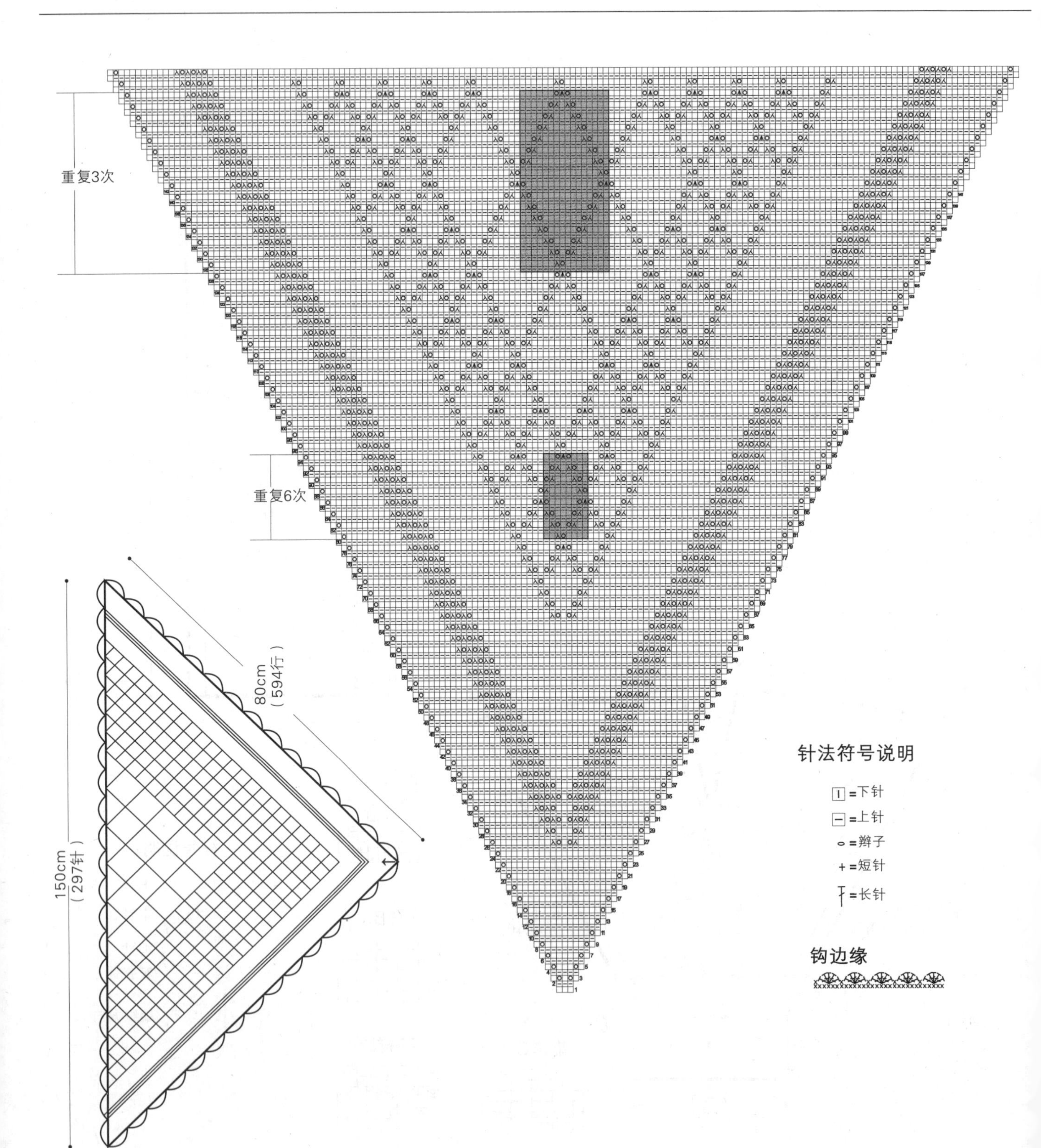

短款小外套

【成品规格】 衣长43cm，胸围88cm，袖长46cm

【工　　具】 9号棒针

【编织密度】 20针×20行=10cm²

【材　　料】 米色毛线450g，纽扣2枚

编织要点:

1.后片：起92针织16行单罗纹，上面织花样，按图解排好花样，织20cm开挂肩，腋下平收4针，再依次减针，后领窝深2cm，肩平收。

2.前片：起33针，按图示排花样织，逐渐加出圆角，平织10行；开挂的同时开始收领窝，织20cm平收。

3.袖：从上往下编织；起16针排好中心花样，两边花样对称；逐渐加出袖山，再依次减针织袖筒31cm，均收8针织单罗纹18行平收。

4.领。边缘：先挑出后领窝40针，每2行在前片起始处挑2针，直至挑出整个V领部位，再沿边缘挑出所有针数，织16行平收。

5.在领子的边缘打上流苏，另用钩针钩两枚包扣，缝合，完成。

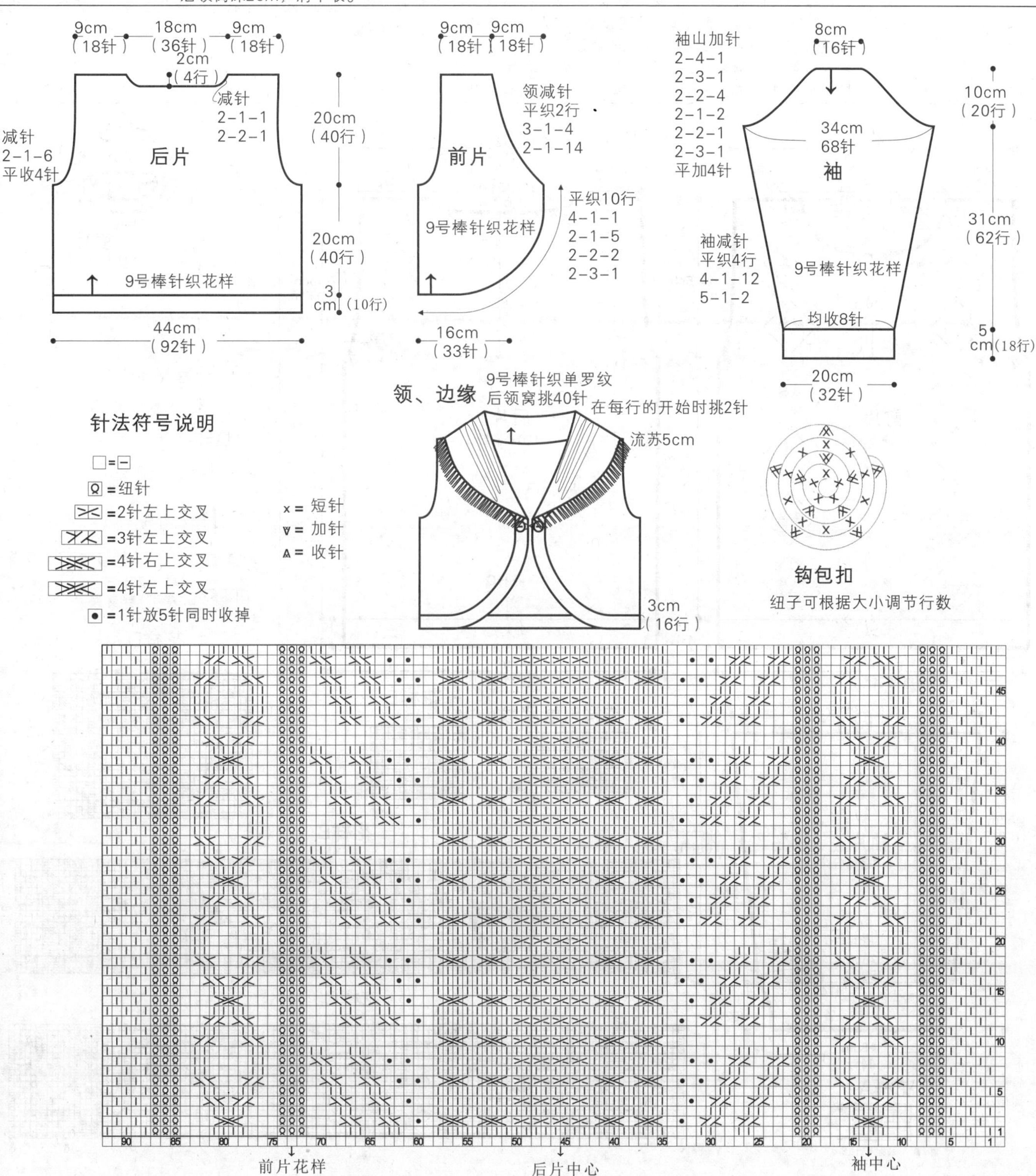

秀美长袖装

【成品规格】 衣长60cm，胸宽54cm，肩宽52cm，袖长45cm

【工　　具】 10号棒针

【编织密度】 22针×26.9行=10cm²

【材　　料】 灰色羊毛线800g，浅棕色、黄色、深棕色羊毛线各30g

编织要点:

1.棒针编织法。由前片与后片和两个袖片组成。

2.前后片织法：(1)前片的编织，下针起针法，起120针，起织花样A，织6行，然后依照花样B排花型编织，不加减针，织90行至袖窿，袖窿起减针，两侧2-1-6，各减6针，当织成袖窿算起40行的高度时，下一行中间平收12针，两侧减针，减前衣领边，先减右片，方法是，2-2-10，减少20针，不加减针，再织6行至肩部，余下28针，收针断线。在配色方块边缘上绣花。（2）后片起122针，起织花样A，织6行，然后依照花样C排花型编织。不加减针，织90行至袖窿，袖窿起减针，两边各减7针，2-1-7，当织成袖窿算起62行的高度时，下一行中间平收48针，两边减针，2-1-2，肩部余下28针，收针断线。

3.缝合：用缝衣针把前后片肩部对应缝合好，再将前后片的侧缝缝合。

4.领片织法：如图示沿前领窝挑54针、后领窝挑42针，共挑起96针，织6行花样A，平针锁边。

5.袖片织法：下针起针法，起44针，起织花样F，织22行的高度。在最后一行里，分散加14针，针数加成58针，并排花型，两边各取12针编织花样E，中间34针编织花样D，在花样D上加针，即袖侧缝上加针，6-1-18，织成108行后，针数加成94针，全部收针断线。用相同的方法再去编织另一个袖片。将两个袖山边线与衣身的袖窿边线对应缝合，再将袖侧缝缝合。

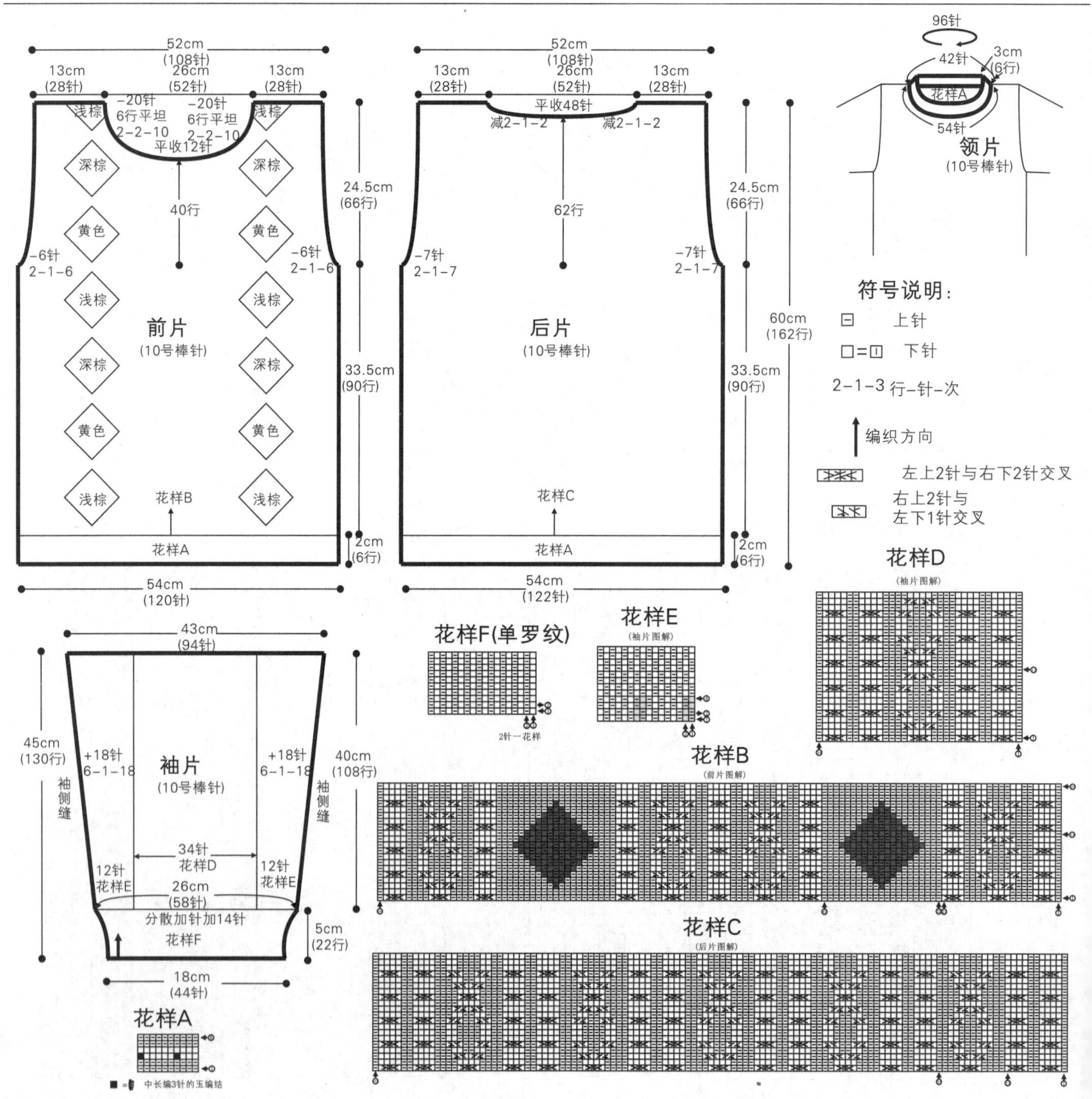

田园风开衫

【成品规格】 衣长63cm，胸围108cm，袖长54cm

【工　　具】 10号棒针，5号钩针

【编织密度】 24针×28行=10cm²

【材　　料】 墨绿色毛线550g，其他色线少许，纽扣5枚

编织要点:

1.后片：起128针织平针，平织41cm开挂肩，以2针为径，每4行收2针收7次，肩用引退针法织斜肩，后领窝留1.5cm；挂肩高度为18cm。

2.前片：开衫，起64针，织法同后片，前片领窝留8cm，中心平收8针，再依次减针，至完成。

3.袖：从下往上织；起50针织平针，两侧依次加针织40cm长，袖山收针方法同挂肩；最后54针平收。

4.领、边缘：缝合各部分，沿领窝挑106针织桂花针7cm；分别钩下摆、袖口、门襟连领轮廓同钩，缝合纽扣；钩花篮分别点缀，完成。

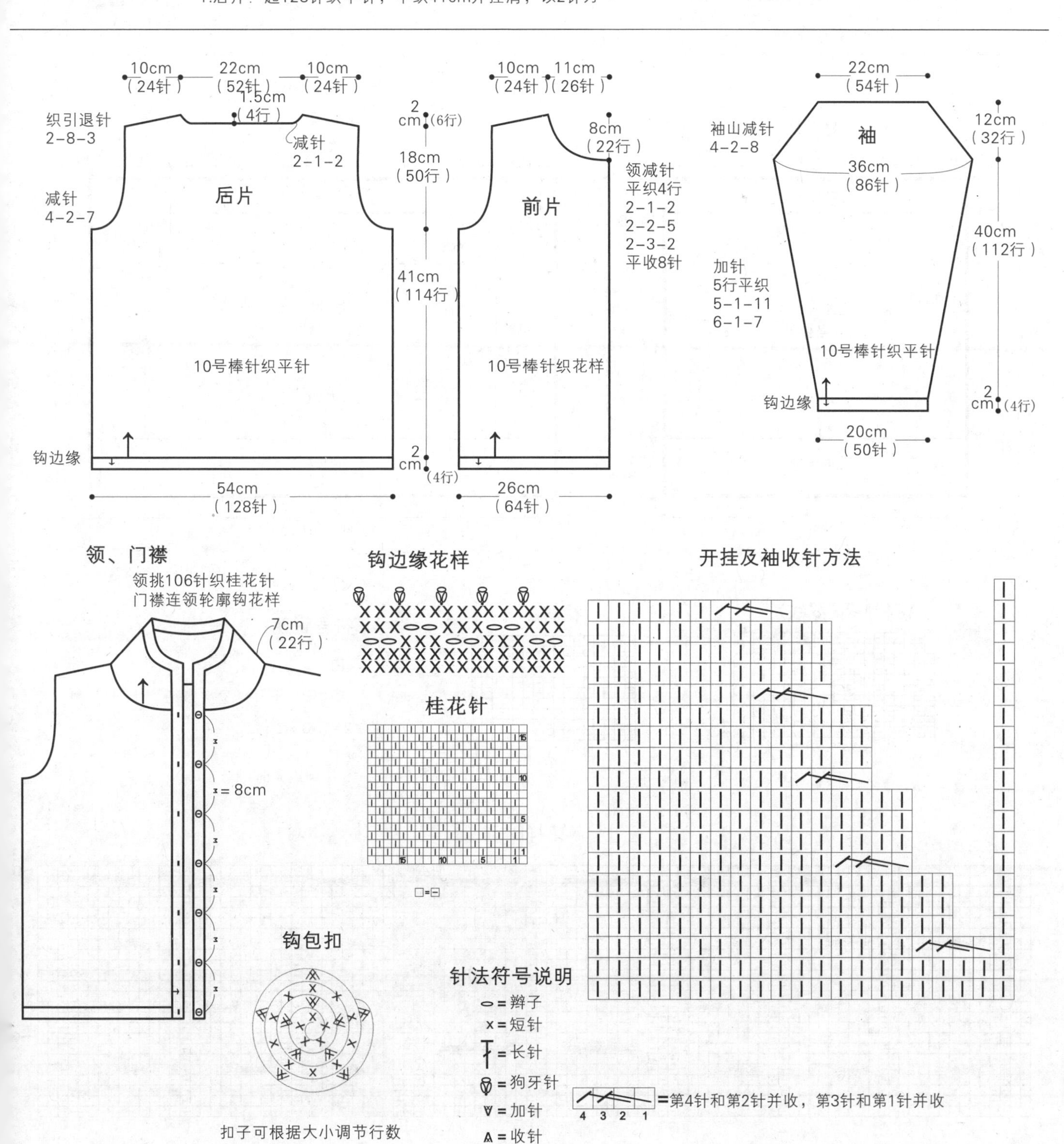

韩式短袖装

【成品规格】 衣长63cm，胸宽50cm

【工　　具】 10号棒针

【编织密度】 19.6针×29行=10cm²

【材　　料】 红色含金线纯棉线400g

编织要点:

1.棒针编织法。由前片和后片组成，通过缝合形成袖口。

2.前片的编织。双罗纹起针法，起98针，起织花样A，不加减针，织18行，下一行起依照花样B排花，不加减针，织156行的高度，而后全改织花样A双罗纹，织10行后结束前片的编织。

3.后片的编织。双罗纹起针，起178针，织18行，然后根据花样C排花编织，不加减针，织116行的高度后，将左右两端40针的宽度，改织花样A双罗纹针，中间98针继续编织花样C，照此分配，织40行的高度，然后全部改织花样A双罗纹针，织10行的高度后，全部收针断线。

4.缝合。见结构图所示，将图中后片的ab边与前片ab边对应缝合，后片的ac边不缝合，形成的孔洞为袖口。后片的cd边与前片的ad边对应缝合。肩与肩对应缝合。衣服完成。

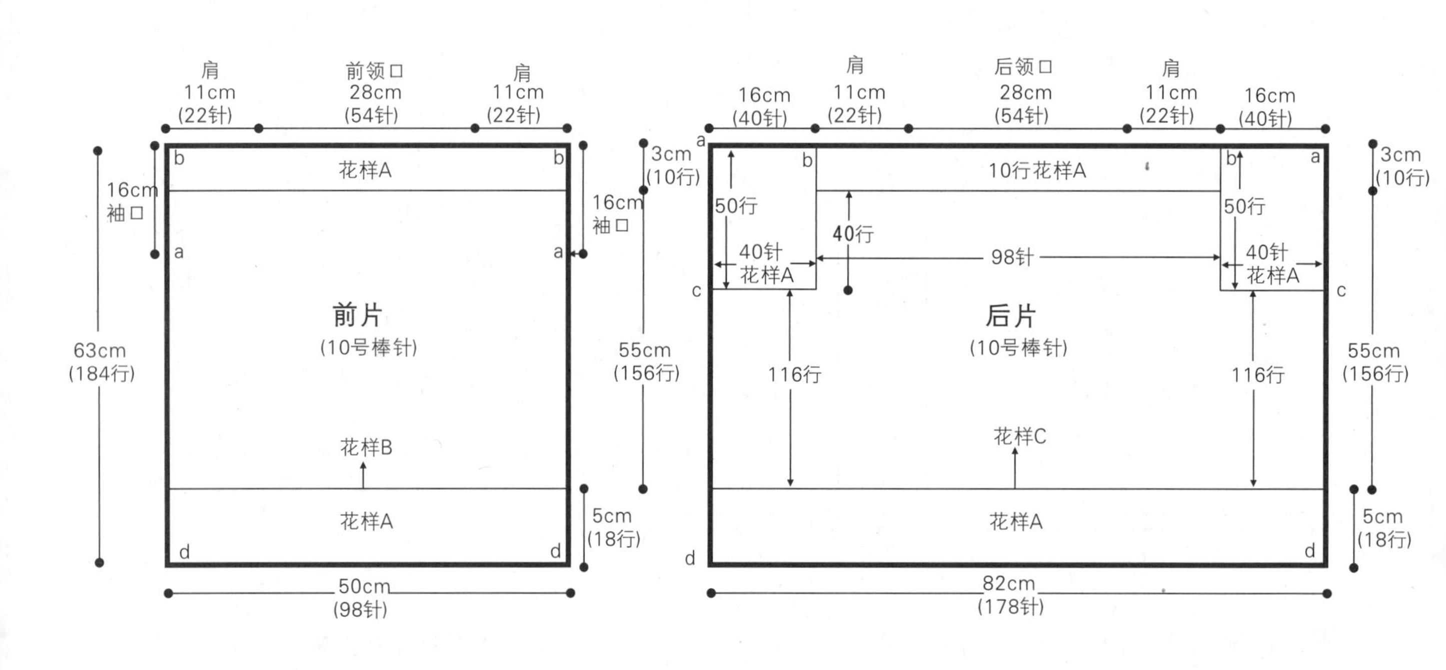

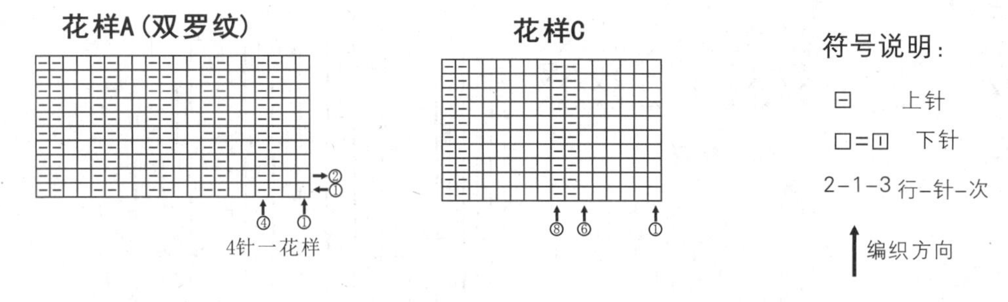

花样B

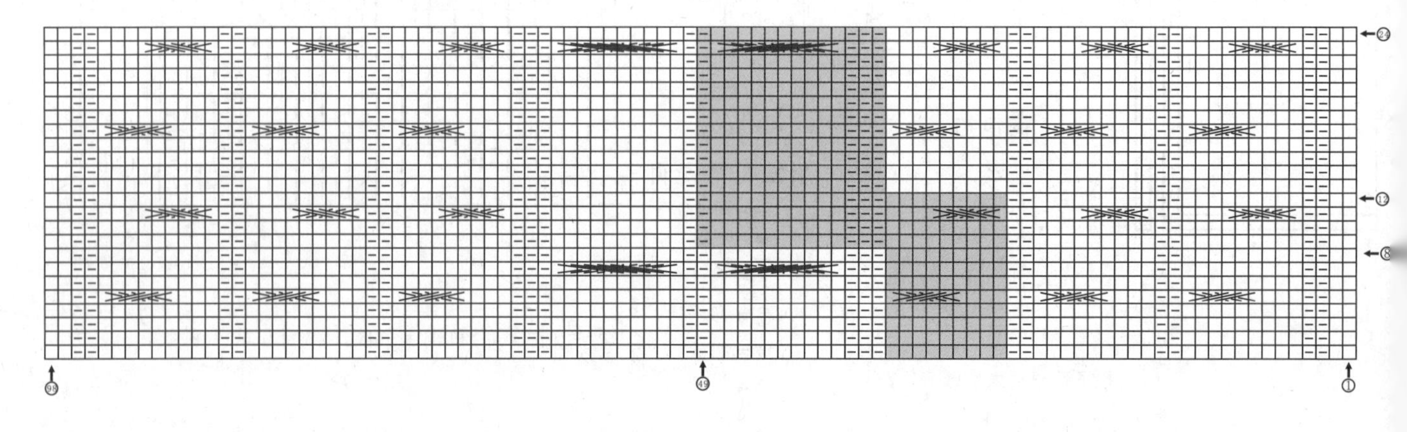

短款长袖装

【成品规格】 衣长50cm，胸围100cm，袖长48cm

【工　　具】 9号棒针

【编织密度】 20针×26行=10cm²

【材　　料】 杏色线250g，米白色线200g

编织要点:

边缘用杏色线织，中间织间色方块花样，每花样之间用杏色线织4行全平针。

1.后片：用杏色线起92针织边缘花样18行，均加11针织组合花样，每个花样用一种颜色，花样之间用杏色线织4行全平针；后领窝留2cm，肩平收。

2.前片：织法同后片；前领窝深7cm，先在中心平收13针，再两侧分别按图示减针，肩平收。

3.袖：从下往上织，用杏色线起38针织边缘花样18行，均加9针织间色组合花样，袖筒两侧按图示加针织35cm后织袖山，腋下平收5针，再分别减针，最后17针平收。

4.织4个水滴，缝合在花样D的周围。

5.领：用杏色线沿领窝挑针织边缘花样12行平收；将两色线合股，沿各边界绕缝，完成。

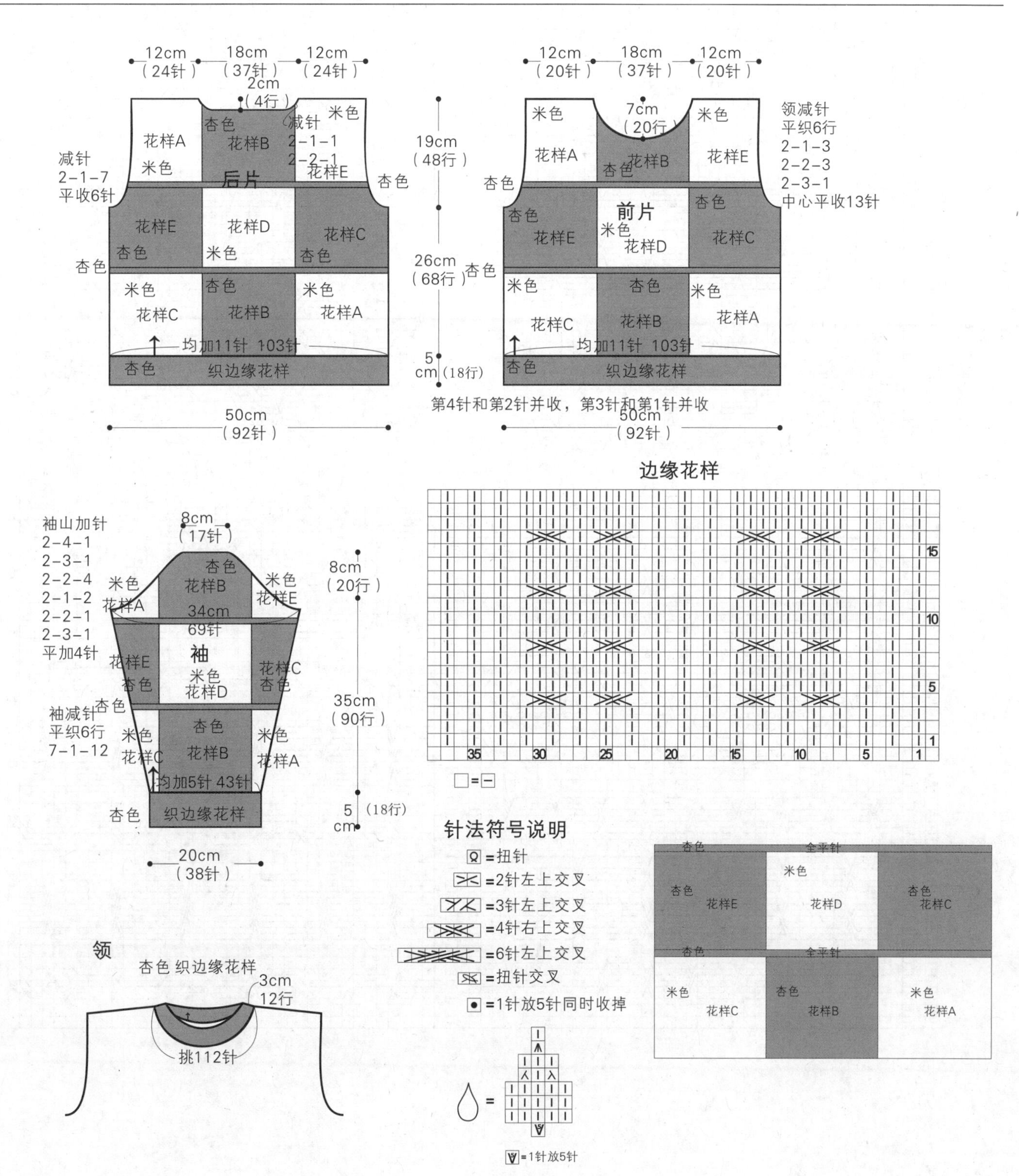

编织花样

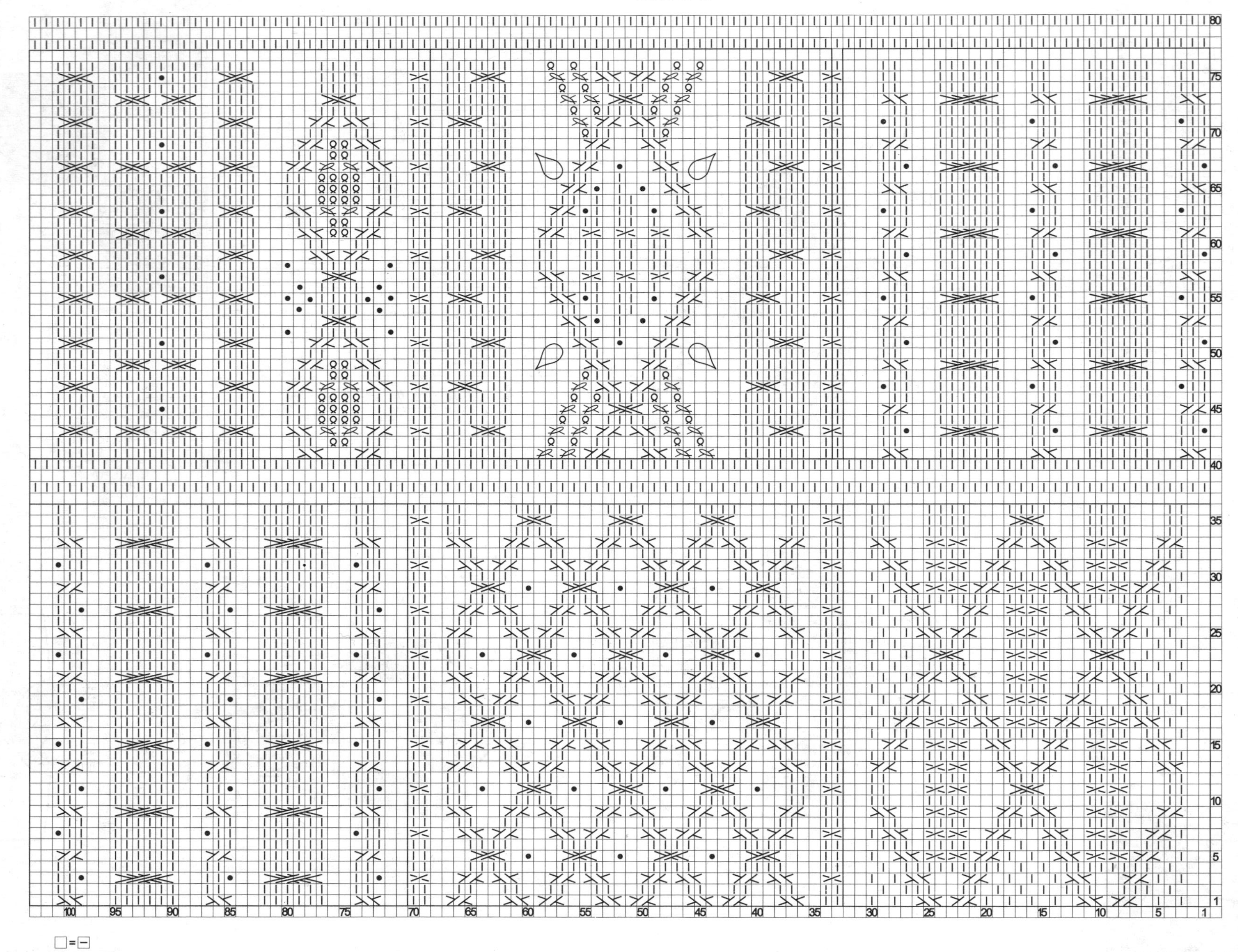

亮丽彩虹装

【成品规格】 衣长63cm，胸宽48cm，肩宽44cm，袖长37cm

【工　　具】 10号棒针，2.5mm钩针

【编织密度】 22.5针×22.5行=10cm²

【材　　料】 红色、灰色、绿色、蓝色奶棉绒毛线各150g

编织要点:

1.棒针编织法与钩针编织法相结合。由多个不同颜色织成的方块织片拼接而成。

2.前片的编织。从下摆起织，从右至左，由四个织块拼接，依次是：灰色线织上针，表面缝合花样H，蓝色线织花样D，绿色线织上针，红色线织花样B，每个织片都是起27针，织28行的高度。第二行依次是绿色线织花样E，红色线织上针，表面缝合钩织花样G，灰色线织花样C，蓝色线织上针，表面钩织花样K缝合。第三行依次是，灰色线织上针，当织成22行时，下一行右侧减针，先平收4针，然后2-1-3，形成袖窿弧度。接着是用蓝色线织花样B，绿色线织上针，红色线织花样D，左上角同样减针织袖窿，方法与右侧织块相同。第四行依次是，绿色线织花样C，只需排20针编织花样，红色线织上针，灰色线织花样E，蓝色线织上针。最后一块也是用20针起织。第5行是最后一行，两边各一个完整方块，右边是用灰色线织上针，左边是用红色线织花样B，中间的两个，对称性方向减衣领边。左边用蓝色线织花样D，起27针起织花样D，织6行后，下一行减衣领，从左至右，平收7针，然后2-2-7，2-1-4，最后余下2针，收针。另一边用绿色线织上针，减针方法与右边织块相同。

3.后片的编织。后片织片排列与前片完全相同，袖窿减针也相同，只有后衣领织块不相同，右边织块用蓝色线织花样D，起27针起织花样D，不加减针，织24行后，下一行从左至右平收23针，然后2-1-2。对侧织块是用绿色线织上针，减针方法相同。

4.袖片的编织。袖片同样由多个织块拼接而成，袖口起织，第一行由两个织片，左边是用灰色线织花样C，右边是用红色线织上针，两边各织一个三角形，右边是蓝色线织上针，1针起织，右边加针，每织4行加1针，织22行，加成5针.左边用绿色线织上针，加针方法相同。第二行织块排列，中间右边用蓝色线织花样B，左边用绿色线织花样C，再在两边各织一个加针织块，在前一行加织成5针的基础上，继续加针，每织4行加1针，织28行，加成12针，右边用绿色线织上针，左边用蓝色线织上针。第三行，从右至左，依次是，用绿色线织花样C，右边继续加针，每织4行加1针，加成17针。第二个织块是用红色线织上针，第三个用灰色线织花样E，最后是用蓝色线织上针，左边缘同样加针，加成17针。最后一行，从右至左，依次是，用灰色线织上针，织10行后减袖山，先平收5针，然后1-1-12，织成28行，第二个是用蓝色线织花样D，织成28行高，27针宽，第三个用绿色线织上针，最后一个用红色线织花样B，织法和袖窿减针与右边织块相同。最后沿着袖口边，用蓝色线，挑出54针，起织花样A，织18行后收针断线。用相同的方法去编织另一个袖片。

5.缝合。将前后片侧缝对应缝合，再将肩部对应缝合。将袖山边线与衣身的袖窿边线对应缝合，再将袖侧缝缝合。

6.领片的编织，沿着缝合后形成的衣领边，用蓝色线，沿边挑出120针，起织花样A，不加减针，织24行的高度，折回衣领内侧挑针进行缝合.下摆片的编织，沿着下摆边，用蓝色线，挑216针，起织花样A，织18行的高度后，收针断线。衣服完成。

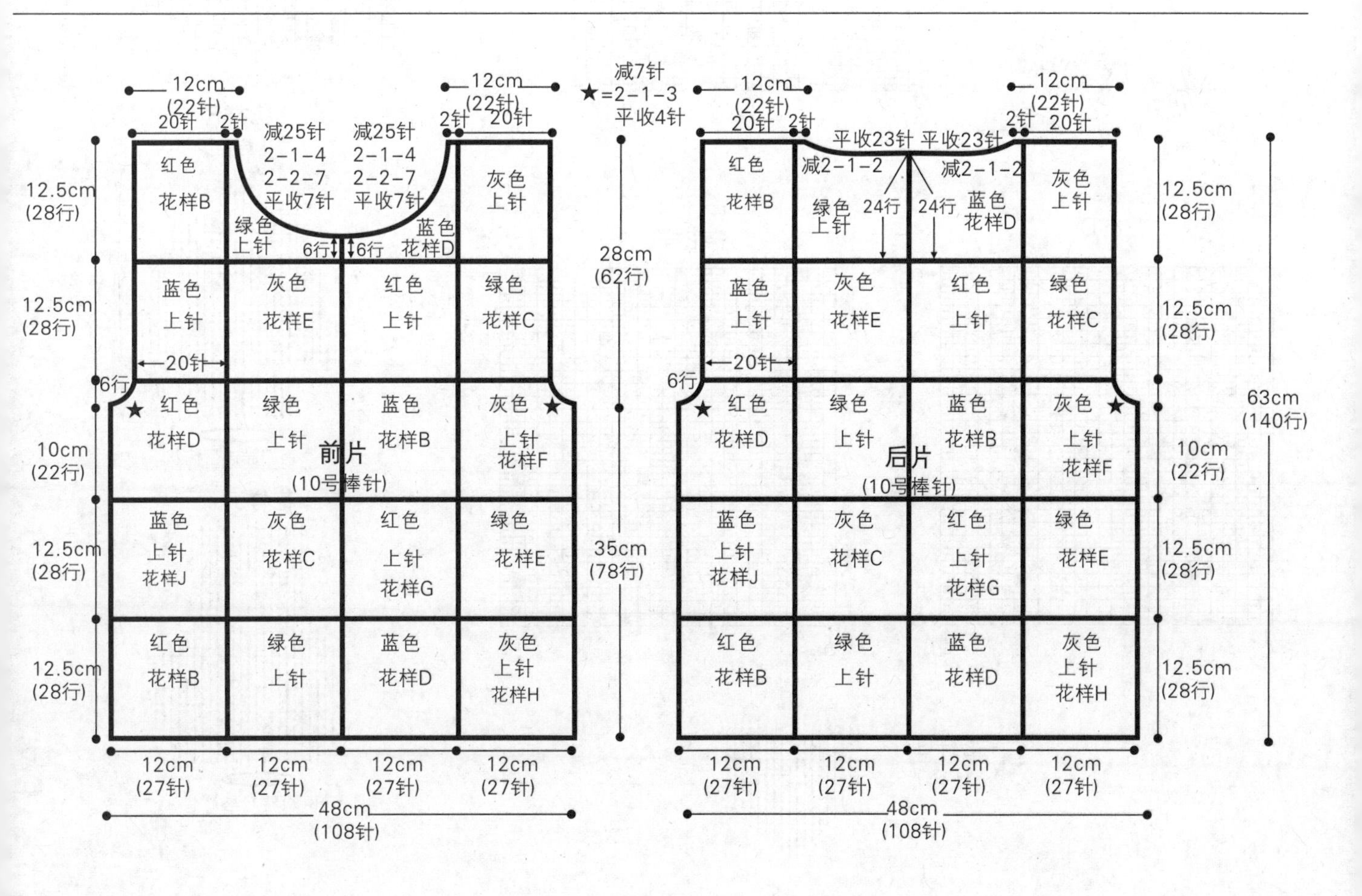

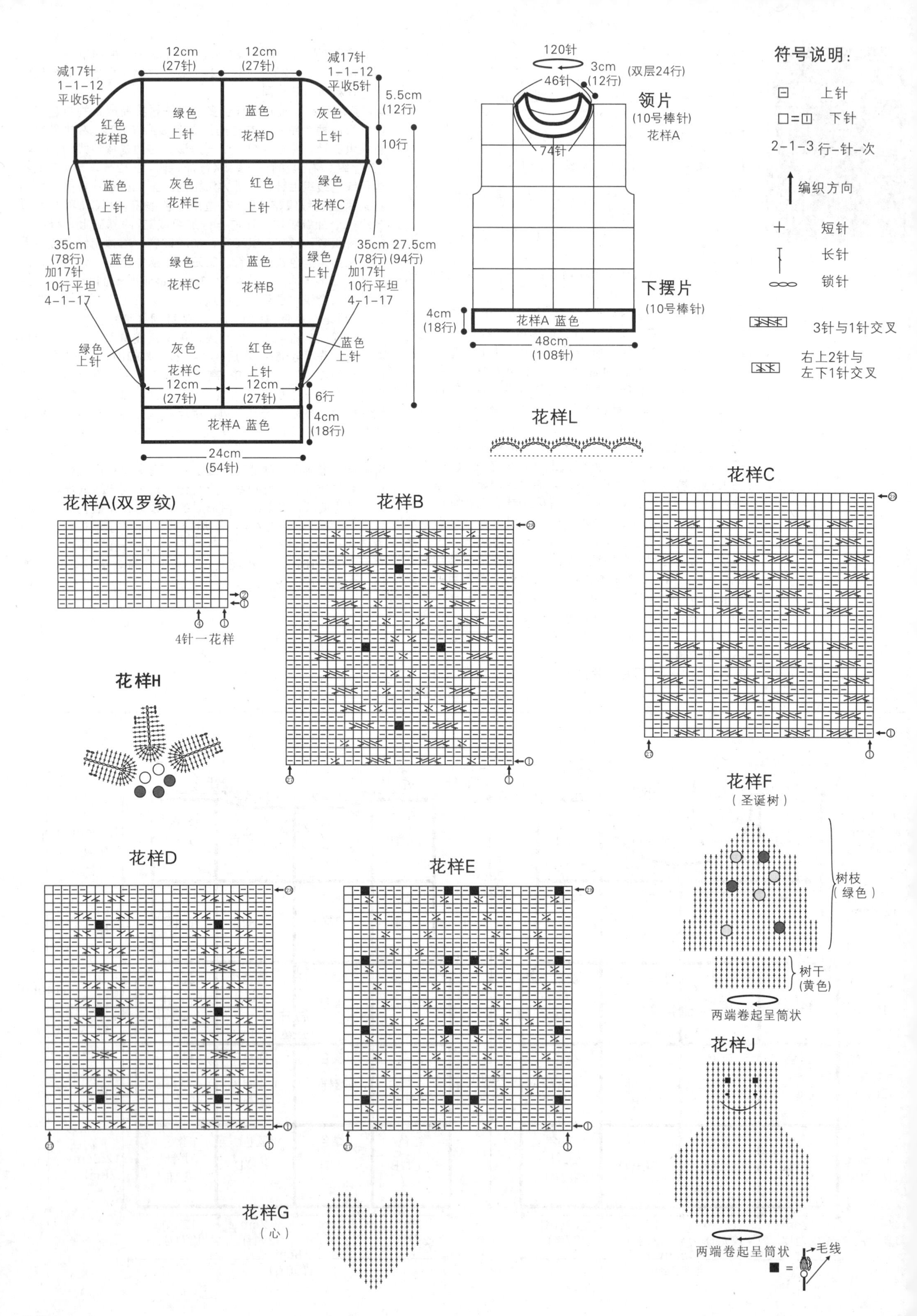
12cm (27针)
12cm (27针)
减17针 1-1-12 平收5针
减17针 1-1-12 平收5针
5.5cm (12行)
10行
红色 花样B
绿色 上针
蓝色 花样D
灰色 上针
蓝色 上针
灰色 花样E
红色 上针
绿色 花样C
35cm (78行) 加17针 10行平坦 4-1-17
35cm 27.5cm (78行) (94行) 加17针 10行平坦 4-1-17
蓝色
绿色 花样C
蓝色 花样B
绿色 上针
绿色 上针
灰色 花样C
红色 上针
蓝色 上针
12cm (27针)
12cm (27针)
6行
4cm (18行)
花样A 蓝色
24cm (54针)
120针
3cm (12行)
(双层24行)
46针
领片 (10号棒针) 花样A
74针
下摆片 (10号棒针)
4cm (18行)
花样A 蓝色
48cm (108针)
符号说明：
上针
下针
2-1-3 行-针-次
编织方向
短针
长针
锁针
3针与1针交叉
右上2针与左下1针交叉
花样L
花样C
花样A(双罗纹)
4针一花样
花样B
花样H
花样F (圣诞树)
树枝 (绿色)
树干 (黄色)
两端卷起呈筒状
花样D
花样E
花样J
花样G (心)
两端卷起呈筒状
毛线

树叶花毛衣

【成品规格】 衣长54cm，衣宽60cm，袖长48cm

【工　　具】 8号棒针，缝衣针

【编织密度】 20针×24行=10cm²

【材　　料】 米色中粗腈纶毛线600g

编织要点:

1.棒针编织法。前后片一起由下往上织。

2.前后片织法：平针起针法起245针，织22行花样A和花样C，后按花样B排花织前后的片，织52行花样B后开始分左右前片和后片单独织。先织左前片，按2-1-4、平收4针的方法收袖窝，再织32行花样B，开始按平收20针、2-1-10的方法收左前领窝。然后用同样方法再织右前片。接着织后片，按2-1-4、平收5针的方法收后袖窝，继续织46行花样B开始按图示的方法收后领窝。

3.袖片的织法：平针起针法起51针，织26行花样B，按2-1-13、平加5针的方法加袖窿，然后再织68行花样B（同时按2-1-2、4-1-6、6-1-5的方法收针），最后织22行花样A。

4.领片的织法：平针起针法起9针圈织，织花样C，织到合适的长短锁边。

5.用缝衣针把前后片、袖片和领片缝合好。

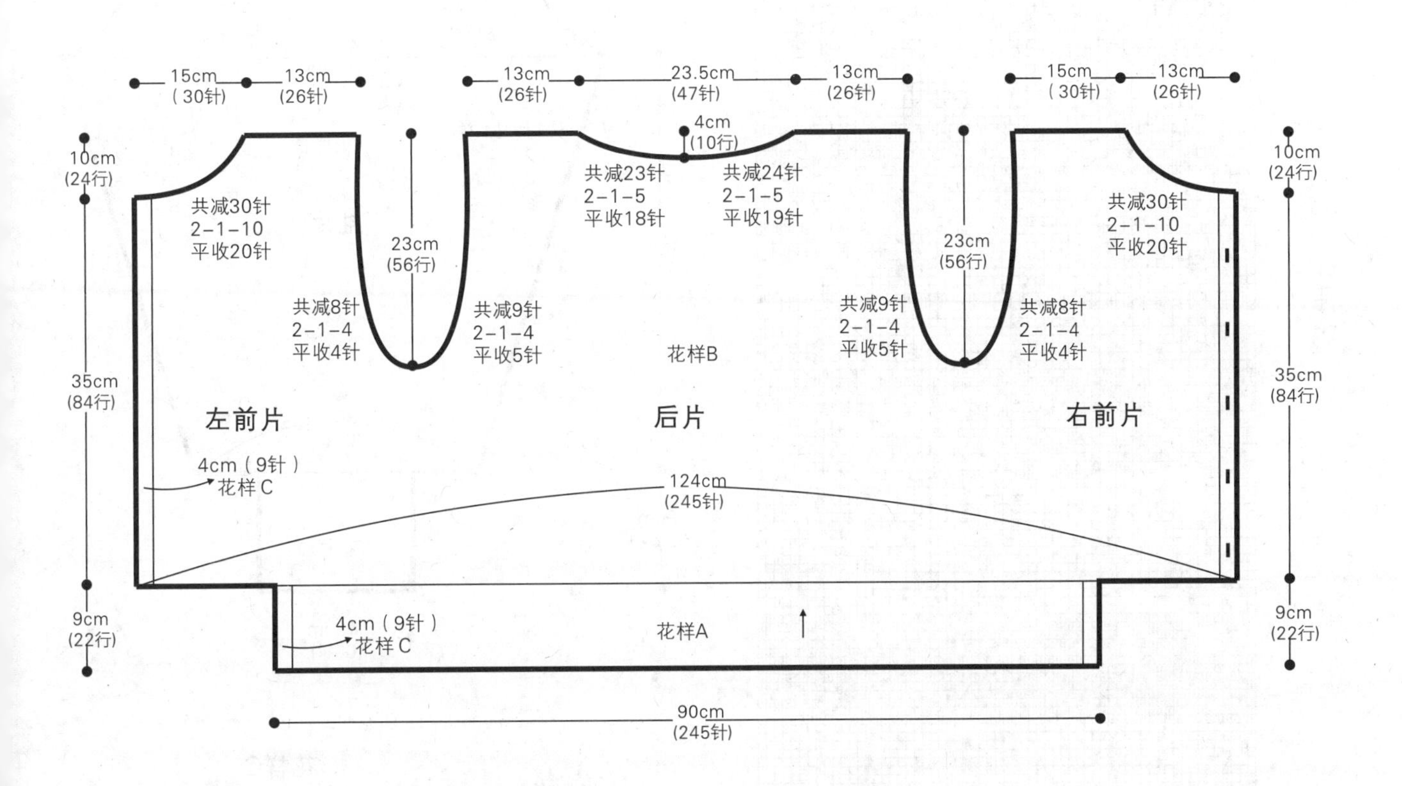

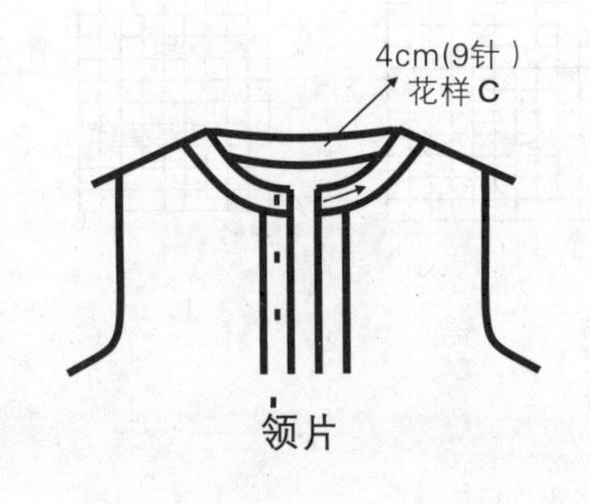

符号说明：

- ⊟ 上针
- □=⊡ 下针
- 左上2针和右下2针交叉
- 镂空加针
- 左收针
- 中上3针并1针
- 1针加3针
- ↑ 编织方向

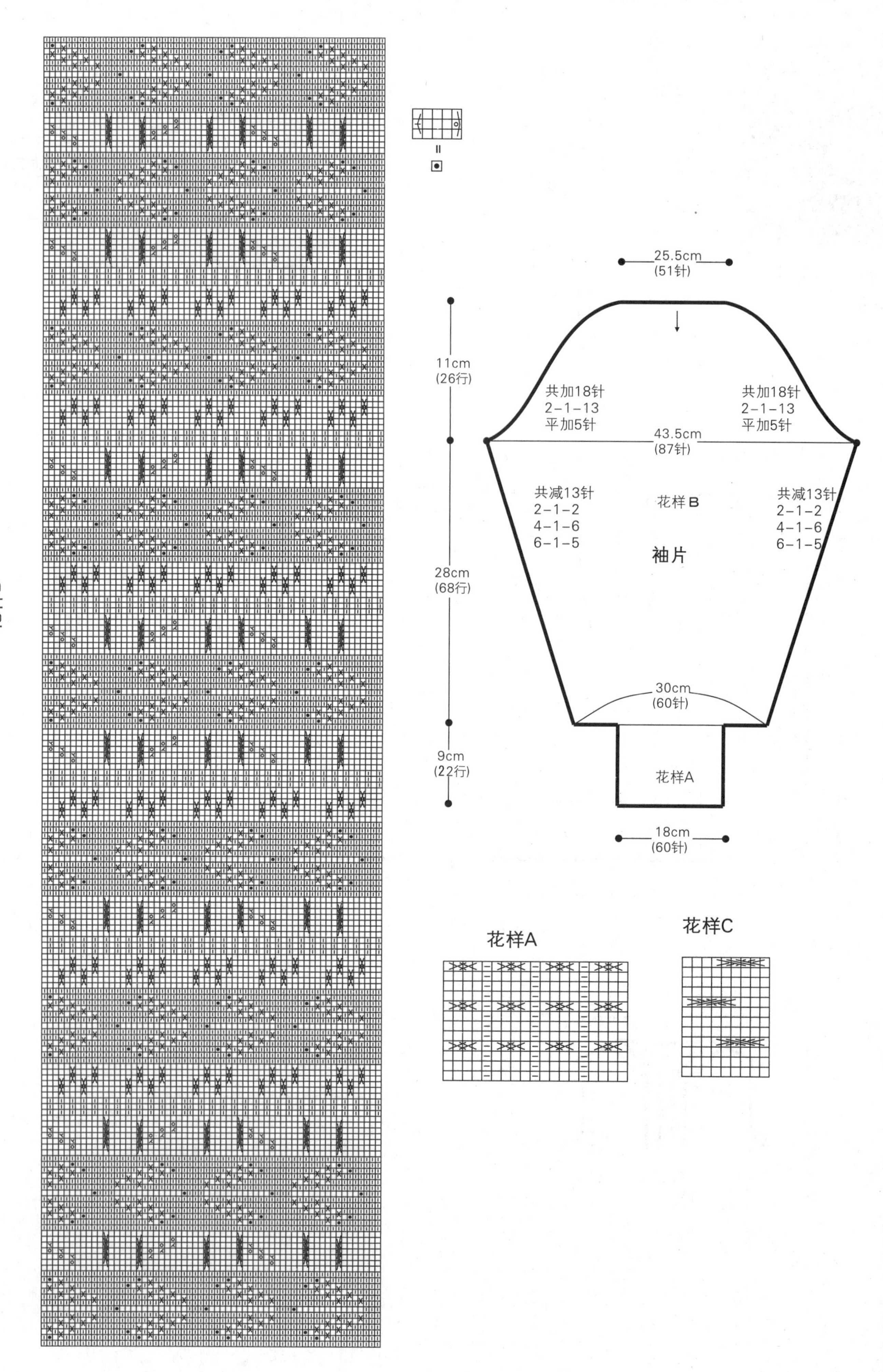
花样B
=
25.5cm
(51针)
11cm
(26行)
共加18针
2-1-13
平加5针
共加18针
2-1-13
平加5针
43.5cm
(87针)
共减13针
2-1-2
4-1-6
6-1-5
花样B
共减13针
2-1-2
4-1-6
6-1-5
袖片
28cm
(68行)
30cm
(60针)
9cm
(22行)
花样A
18cm
(60针)
花样A
花样C

甜美糖果外套

【成品规格】 衣长52cm，胸围100cm，袖长54cm

【工　　具】 10号棒针，5号钩针

【编织密度】 24针×28行=10cm²

【材　　料】 天蓝色毛线500g，其他色线少许；纽扣5枚

编织要点:

1.后片：用10号棒针起108针织花样，平织32cm开挂肩，腋下平收4针，再依次收针，后领窝留2cm，肩平收。

2.前片：开衫，用10号棒针起54针织花样50行，中间30针织10行单罗纹做口袋边；然后另起30针织60行，做口袋里层；织32cm开挂肩，织法同后片；前片领窝留8cm，中心平收6针，再依次减针，至完成。

3.袖：从下往上织；用10号棒针起46针织花样，两侧依次加针织出袖筒，袖山先在腋下平收4针，再依次减针，最后24针平收。

4.领、门襟：缝合各部分，沿边缘钩花样，并钩5枚纽扣缝合。

5.另钩草莓若干，任意点缀，完成。

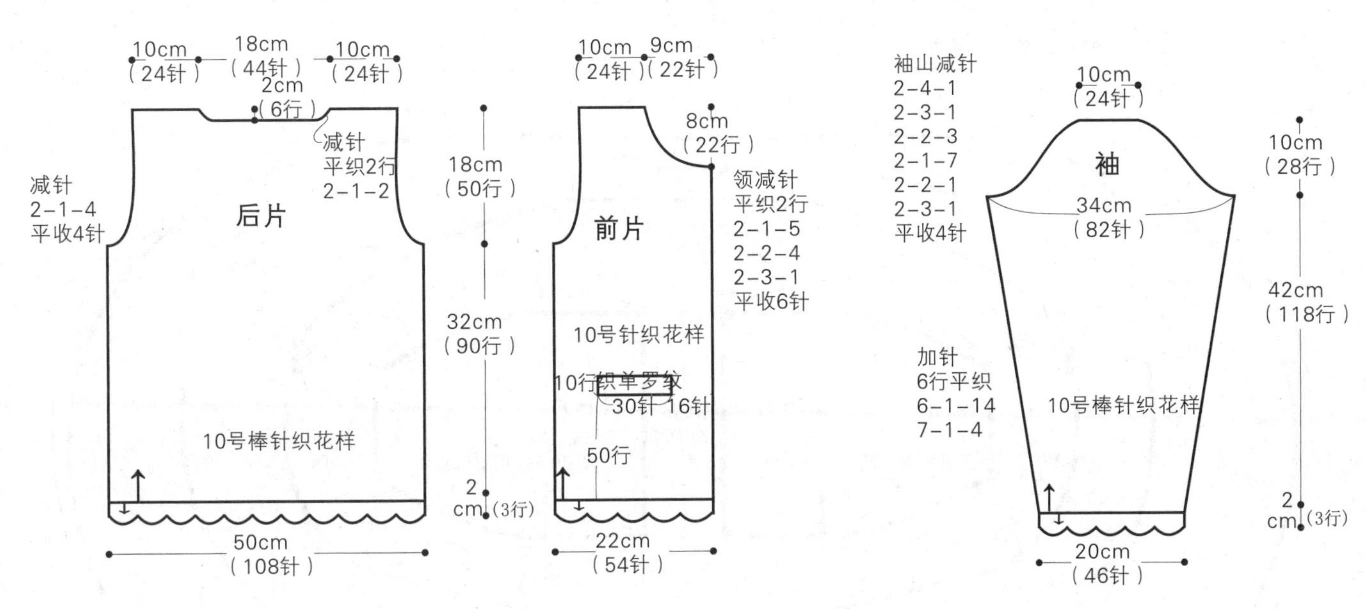

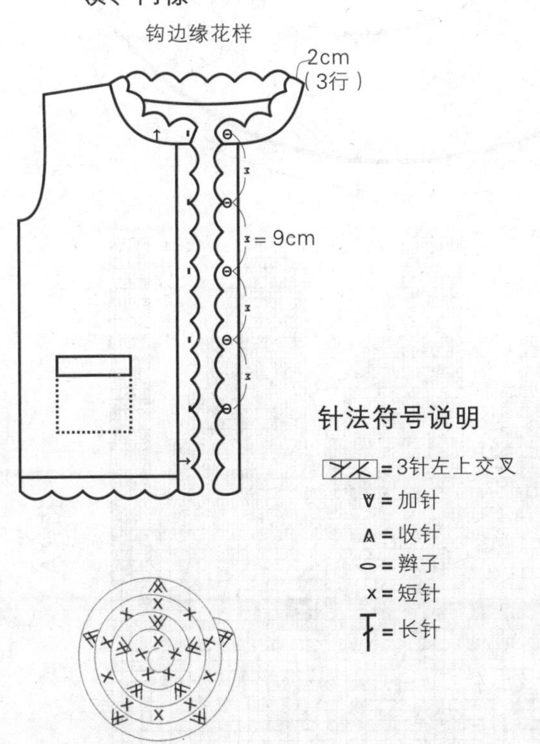

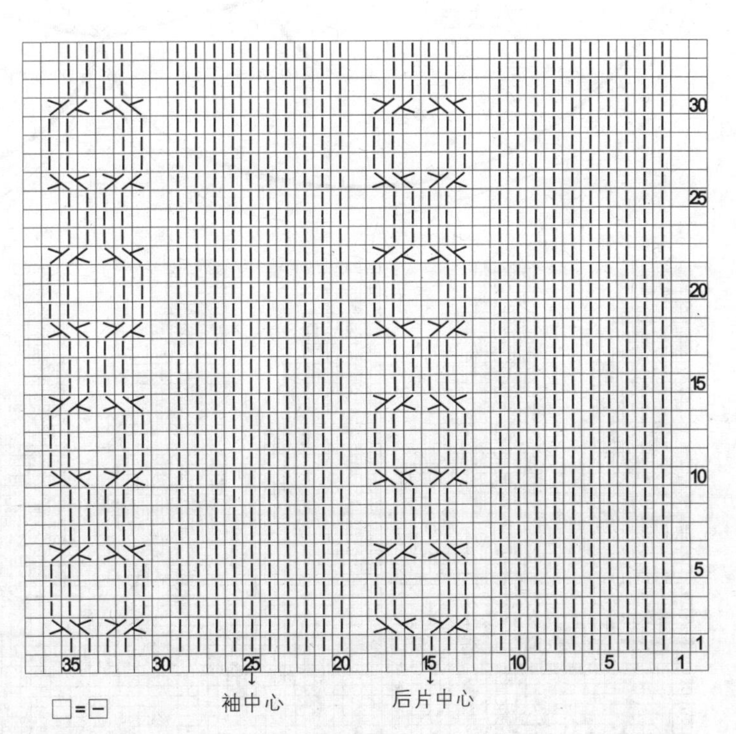

边缘花样

大牌范儿毛衣

【成品规格】 衣长58cm，胸宽50cm，肩宽40cm

【工　　具】 8号棒针

【编织密度】 19针×23.2行=10cm²

【材　　料】 蓝色羊毛线800g

编织要点:

1.棒针编织法。由三部分组成，左后片和右后片，衣摆一大块织片。通过缝合方法形成袖口。

2.先编织左后片与右后片，两片花样呈对称性，花样A为左后片的图解，而右后片的图解，只需要将花样A的编织顺序相反即可。下针起针法，起58针，右侧28针不变化，编织棒绞花样，而左侧30针上针，用引退针的编织方法，折回编织，将左侧边的行数只织成46行的高度，右侧边织成116行的高度，完成后收针断线。再去制作右后片。完成后，将两片的中间对应缝合。

3.衣摆片的编织法。应用引退针编织方法，形成内小外宽的弧形形状，起58针，依照花样B图解，折回编织，每一层花a为一个折回。共编织9个折回，再织2行上针和2行下针结束花a的编织。然后同样以58针起织花样C，参照花样C编织174行，中间有42针的不加减针编织部分，这段高度作后衣领中心。完成花样C后，同时以58针的宽度，继续编织花a，再织9组花a后结束编织，收针断线。然后依照结构图所标注的宽度进行衣摆与后片的缝合。不缝合的孔作袖口。衣服完成。

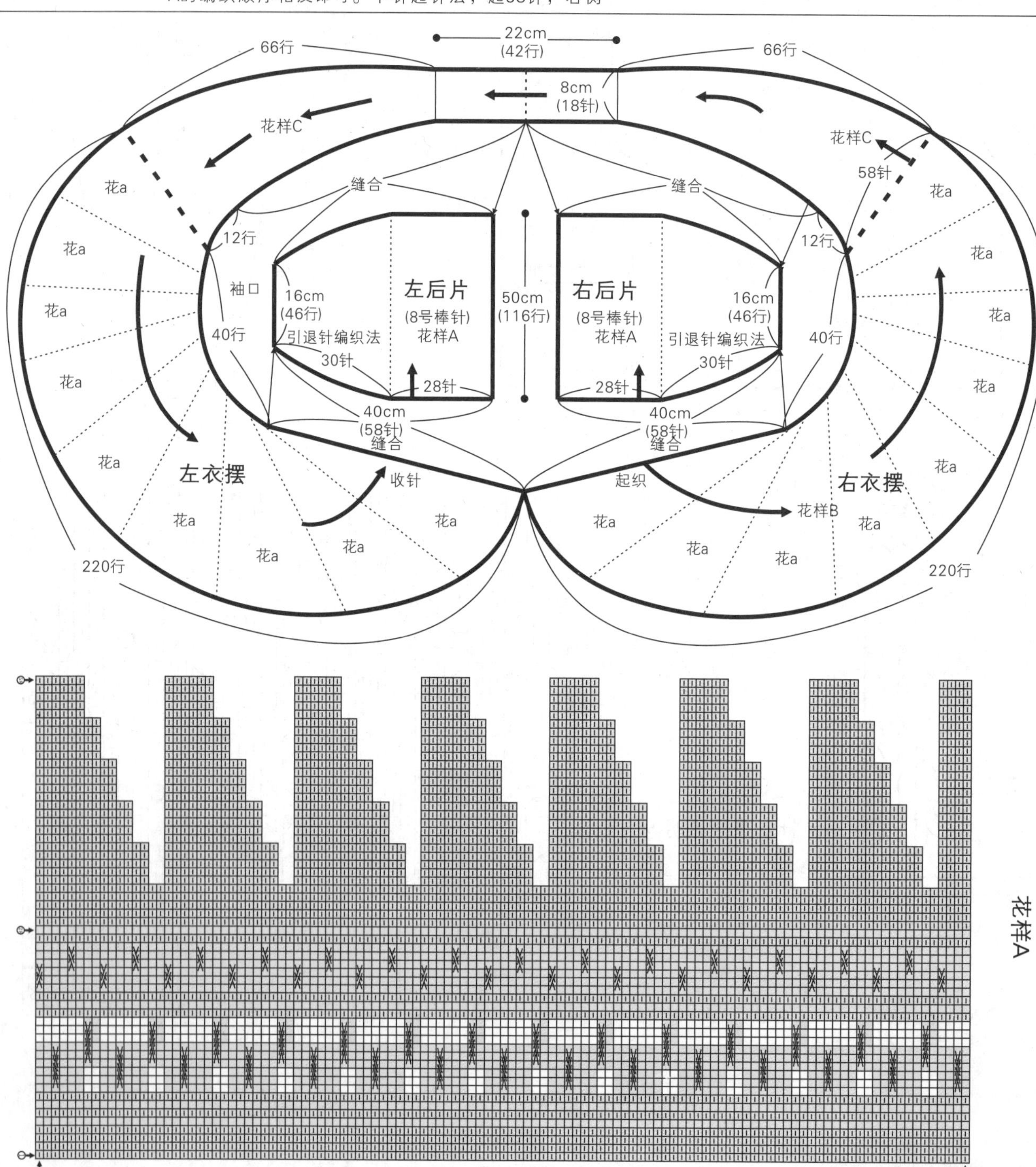

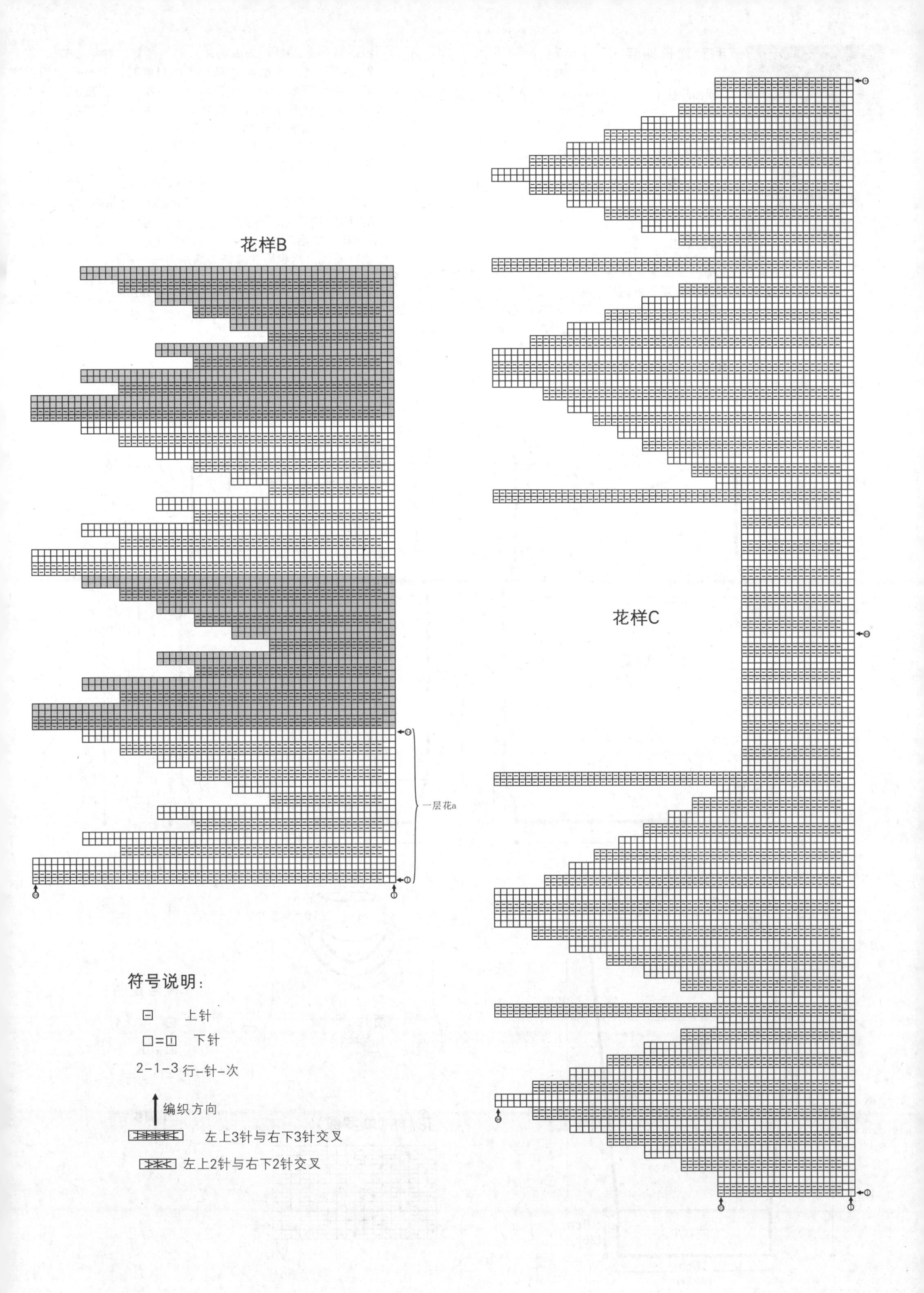
花样B
一层花a
花样C
符号说明：
上针
□=□ 下针
2-1-3 行-针-次
编织方向
左上3针与右下3针交叉
左上2针与右下2针交叉

毛茸茸长袖装

【成品规格】 衣长62cm，胸宽38cm，肩宽40cm，袖长58cm

【工　　具】 8号、10号棒针

【编织密度】 14针×14行=10cm²

【材　　料】 玫红色带结羊毛线600g

编织要点：

1.棒针编织法。袖窿以下一片编织而成。袖窿以上分成前片与后片各自编织。袖片两个。

2.前片与后片的编织。下摆起织，用10号棒针，单罗纹起针法，起160针，起织花样A，不加减针，织26行的高度。下一行起，全织下针，并改用8号棒针编织。不加减针，织44行至袖窿。袖窿起分成前片与后片各自编织。两半各80针，先织前片。两侧减针，各平收6针，然后2-2-3，当织成袖窿算起20行的高度时，下一行起织前衣领，中间平收12针，两边减针，2-2-4，织成8行，减少8针，至肩部余下14针，收针断线。后片袖窿减针与前片相同，织成袖窿算起24行时，下一行减后衣领，中间平收24针，两边减针，2-1-2，至肩部余下14针，收针断线。最后将前后片的肩部对应缝合。

3.袖片的编织。起48针，起用10号棒针编织。起织单罗纹花样A，织26行后，全织下针，两袖侧缝上进行加针，6-1-8，织成48行后，不加减针再织4行，至袖山减针，两边平收针6针，然后2-1-5，1-2-6，织成16行，最后余下18针，收针断线。用相同的方法去编织另一个袖片。将袖山边线与衣身的袖窿边对应缝合，再将袖侧缝对应缝合。

4.领片的编织。沿着前后衣领边，挑出80针，用玫红色线起织花样A，织10行后收针断线。衣服完成。

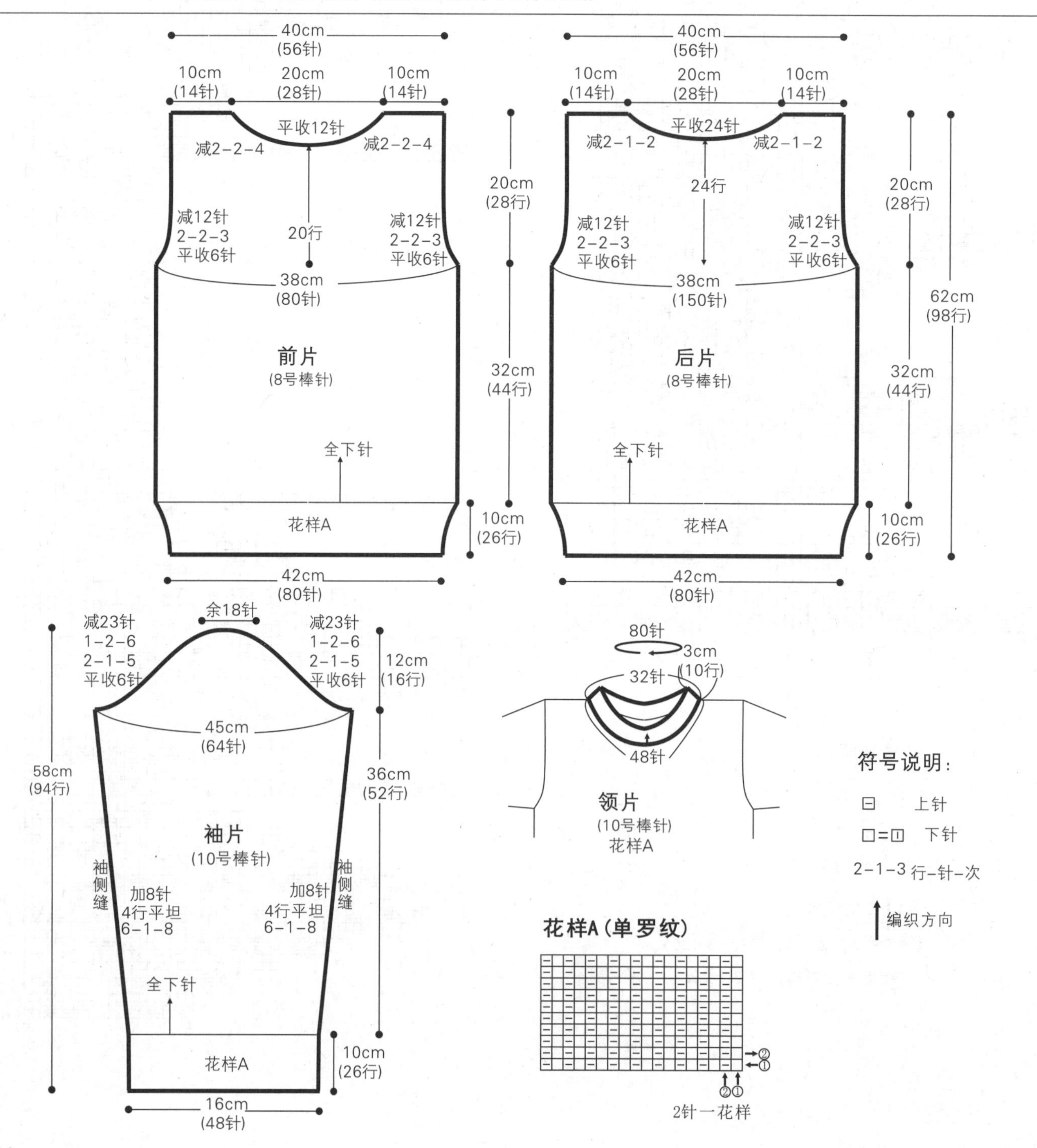

菱形花样毛衣

【成品规格】 衣长50cm，衣宽49cm，袖长58cm

【工　　具】 9号棒针，钩针

【编织密度】 16针×22行=10cm²

【材　　料】 米色中粗腈纶毛线600g，其他色线少许

编织要点:

1.棒针编织法。分前后片由下往上织。

2.前片织法：单罗纹起针法起80针，织20行花样A，后织62行花样B，开始按平收5针、2-1-6的方法收左右袖窝。花样B织到第96行时开始按平收9针、2-1-6的方法收领窝。

3.后片的织法：单罗纹起针法起80针，织20行花样A，后织62行花样B，开始按平收5针、2-1-6的方法收左右袖窝。花样B织到第102行时开始按平收9针、2-1-6的方法收领窝。

4.袖片的织法：平针起针法起24针织花样B，如图示按2-1-22、平加5针的方法加袖窿，然后再按2-1-3、4-1-6、6-1-7的方法收针，袖子的花样B共织116行，然后织20行花样A。

5.用缝衣针把前后片和袖片缝合好。

6.用钩针沿领边钩4行短针。

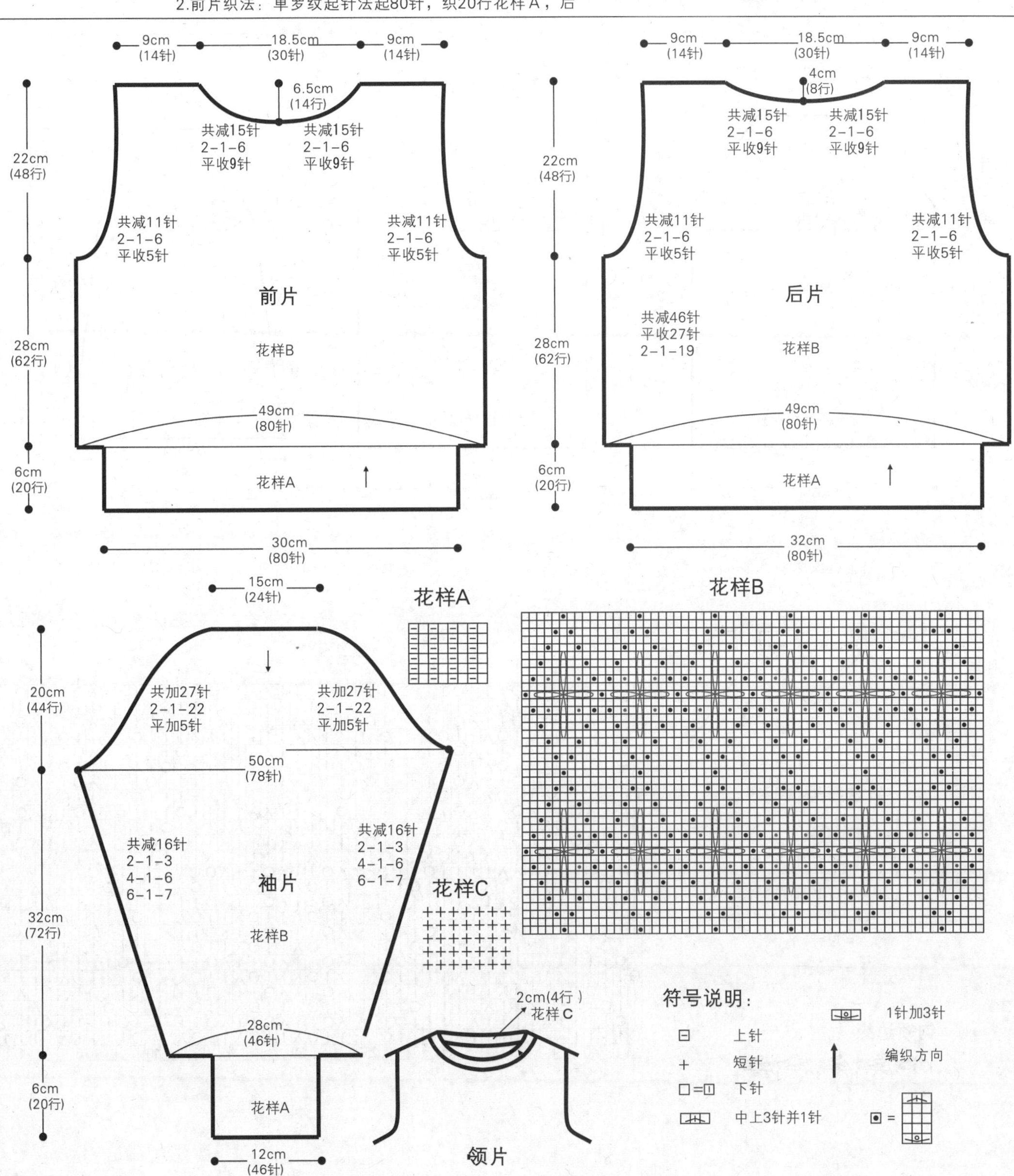

米色V领装

【成品规格】 衣长58cm，胸围88cm，连肩袖长54cm

【工　　具】 9号棒针，5号钩针

【编织密度】 20针×20行=10cm²

【材　　料】 米色毛线550g

编织要点:

1.后片：起86针排花样5组，织72行后均收掉8针，开始织平针，平织20行开挂肩，两侧按图示收针，最后46针平收。

2.前片：织法同后片；开始收挂肩的同时前片开始收领窝，将针数从中心线分开，在中心以3并1的方式减针，至完成。

3.袖：从下往上织；全部织花样，起68针排4组花样，两侧按图示减针织出袖筒，织72行开始收袖山，按图示减针，最后30针平收。

4.领：缝合各部分，用钩针沿领口钩一行花样，另钩两条带子，固定在颈部，完成。

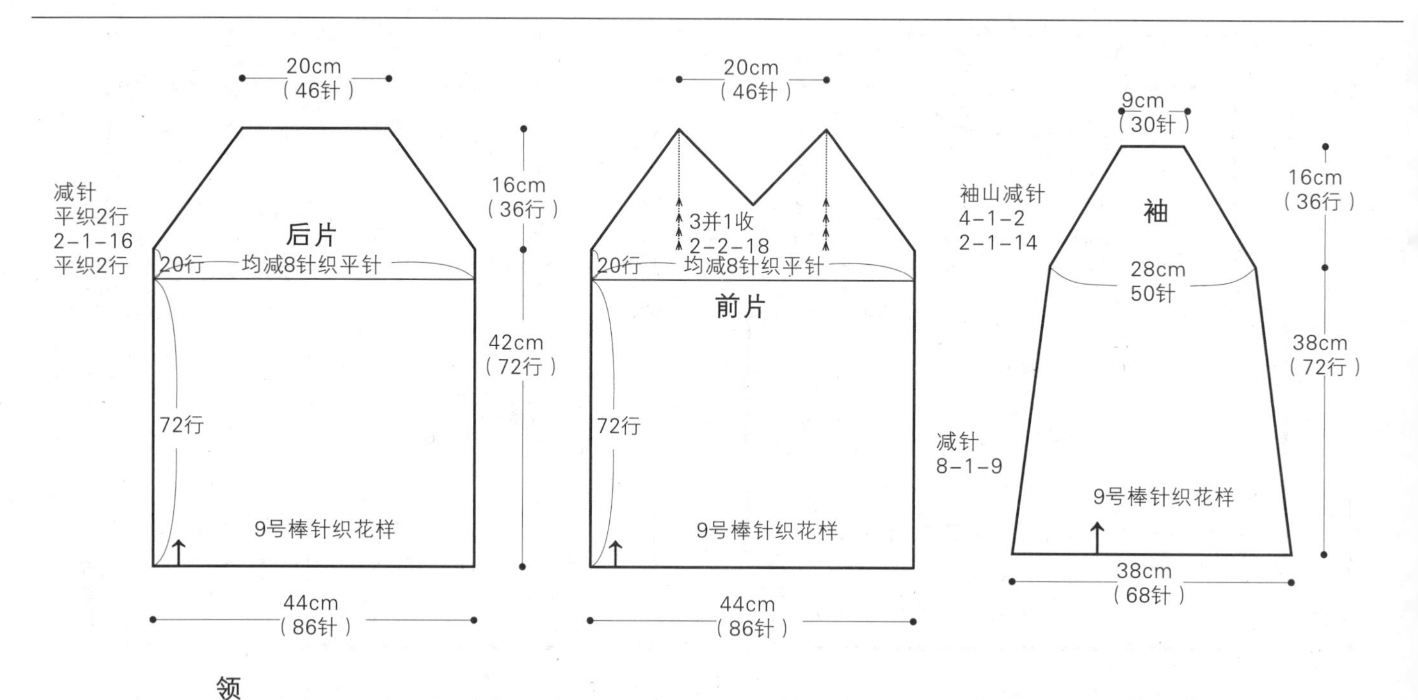

领

沿领口钩花样

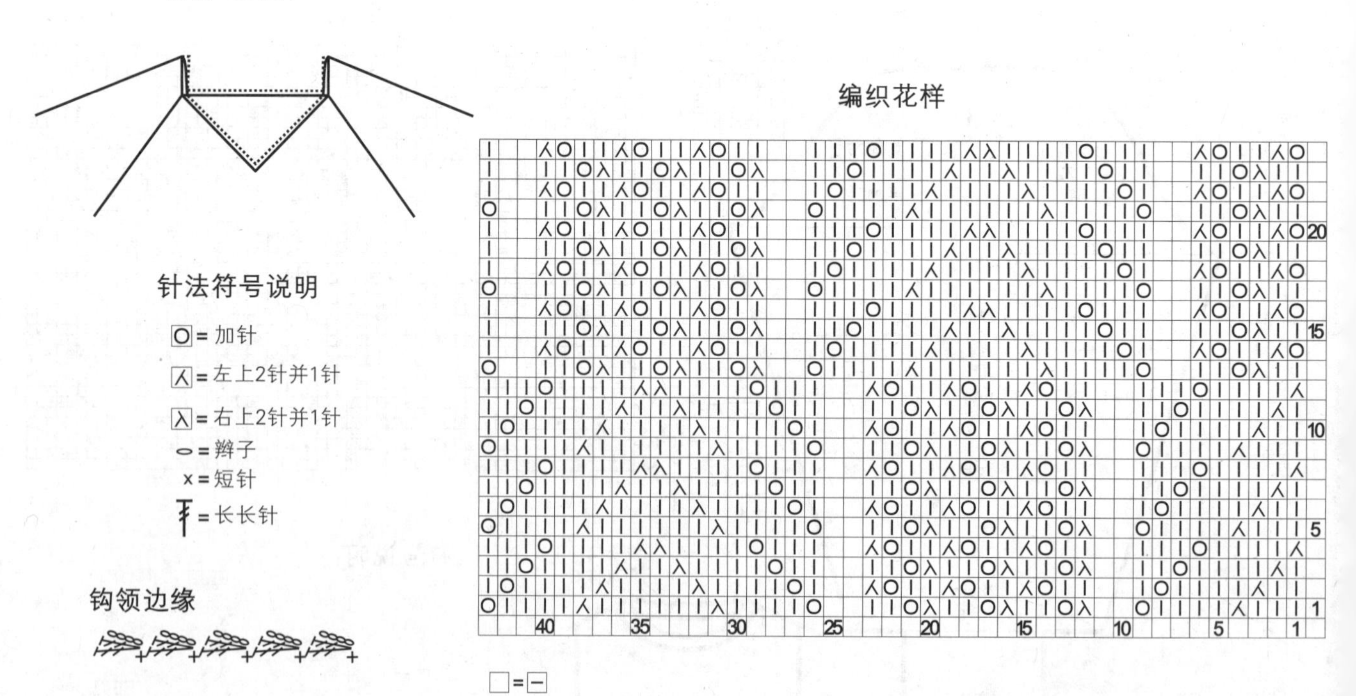